Researches and Utilization of
Elymus Germplasm Resources

披碱草属种质资源
研究与应用

祁 娟 主编

中国农业科学技术出版社

图书在版编目（CIP）数据

披碱草属种质资源研究与利用／祁娟主编. --北京：
中国农业科学技术出版社，2021.11
　　ISBN 978-7-5116-5541-7

　　Ⅰ.①披…　Ⅱ.①祁…　Ⅲ.①牧草-种质资源-研究
Ⅳ.①S540.24

　　中国版本图书馆 CIP 数据核字（2021）第 211846 号

责任编辑	白姗姗
责任校对	李向荣
责任印制	姜义伟　王思文

出　版　者	中国农业科学技术出版社
	北京市中关村南大街 12 号　邮编：100081
电　　　话	(010)82106638(编辑室)　　(010)82109702(发行部)
	(010)82109709(读者服务部)
传　　　真	(010)82106638
网　　　址	http://www.castp.cn
经　销　者	各地新华书店
印　刷　者	北京建宏印刷有限公司
开　　　本	170 mm×240 mm　1/16
印　　　张	13
字　　　数	250 千字
版　　　次	2021 年 11 月第 1 版　2021 年 11 月第 1 次印刷
定　　　价	80.00 元

《披碱草属种质资源研究与利用》
编 委 会

主　编：祁　娟

副 主 编：刘文辉　张永超

编写人员：(按姓氏笔画排序)
　　　　　王海清　方强恩　闫伟红　秦　燕
　　　　　梁国玲

内容简介

　　本书系统介绍了披碱草属种质资源研究与利用，内容包括披碱草属植物的重要价值与研究现状、地理分布及分类、表型及结构特征、细胞学及遗传学特性、衰老特征、抗逆特性、育种概况、种子特性、栽培技术等。在披碱草属植物研究与栽培应用等方面既体现了内容的系统性，又突出了研究和应用的新进展，填补了国内系统介绍披碱草属植物专著的空白。

　　本书适合从事草原与畜牧业方面的科研、教学、技术推广、生产及管理人员参考使用。

前　言

　　禾本科是被子植物中最有经济价值的一个科，与人类生活息息相关。它不仅包含人类所需的主要粮食作物，而且也是畜牧业生产最重要的饲草料来源。小麦族是禾本科植物中非常重要的一个族，不仅包括小麦、大麦以及人工培育的小黑麦等一年生植物，而且包括大量具有经济及生态价值的多年生植物，如无芒披碱草、老芒麦、无芒雀麦、羊草等。小麦族植物丰富的物种多样性及遗传多样性是麦类作物育种的巨大基因库，已成为改良麦类作物高产、优质、抗病虫害及其他抗逆等特性的重要基因资源。

　　披碱草属（*Elymus*）是禾本科（Gramineae）小麦族（Triticeae）中重要的多年生植物，主要分布于欧亚大陆和南、北美洲北部，少量分布于欧洲等地。中国境内披碱草属种质资源十分丰富，主要分布于华北、西北、青藏高原等地，分布范围较广，从海拔几米到几千米的地方均有分布。该属植物具有适应性强、品质优良、草产量及种子产量高、抗寒耐旱性强等特点，具有较高的经济和生态价值，极具开发前景。该属不仅包括老芒麦、披碱草、垂穗披碱草等优良草类植物，而且其中很多野生种可作为抗病、抗寒旱、增强适应性等方面的重要基因来源。如果通过生物技术将其优良基因转移到麦类作物中，培养抗逆性强的作物品种，可提高农业生产，解决粮食短缺问题。披碱草属植物亦是草原和草地中重要的组成物种，多数物种被作为优良牧草进行培育，具有较高的饲用价值。披碱草属植物中的许多物种对防风固沙、水土保持具有重要意义。为了科学管理和利用披碱草属种质资源，我国已全面开展了披碱草属种质资源的搜集、整理和鉴定等工作，在其分类学、形态学、生长发育、栽培技术等方面进行了大量的研究，自20世纪70年代以来该属植物在我国北方温带干旱、半干旱地区广泛种植，面积逐年扩大，取得了显著的生态、经济和社会效益。

　　尽管国内外对披碱草属植物进行了广泛而深入的研究，并取得了一定成果，但研究结果比较零散。为了系统而深入地了解披碱草属植物在草地农业生态系统中的重要作用及研究进展，特编写此书以飨读者。全书共分十三章，第二章由祁娟、方强恩编写，第四章由祁娟、王海清编写，第五章由闫伟红、秦燕编写，第六章由梁国玲、张永超编写，第十二章由梁国玲、刘文辉编写，第十三章由祁娟、刘文辉编写，其余章节由祁娟编写。主编总计编写字数15万左右。本书凝聚了很多从事此方面研究的科技工作者的劳动成果与智慧，也得到了许多学者的大力支持与帮助，且有赖于编者研究团队的共同努力和大力协助。甘肃农业大学草业学院师尚礼教授对全书进行了认真审校，研究生吴召林、金鑫、孙守江、何丽娟、杨娟弟和贾燕伟亦付出了辛勤劳动，在此表示诚挚的感谢！

本书的编写和出版得到了国家牧草产业技术体系（CARS-34）、国家自然科学基金（31660684）及青海省科技厅重点实验室发展专项"青海省青藏高原优良牧草种质资源利用重点实验室"（2020-ZJ-Y03）等项目的资助。

尽管编者做了最大的努力，但因水平有限，书中难免会有疏漏和错误，恳请有关专家和读者给予批评指正。

编　者
2021 年 9 月

目　　录

第一章　披碱草属植物重要价值与研究进展

披碱草属（*Elymus*）是禾本科（Gramineae）小麦族（Triticeae）中非常重要的一个属。该属自 1753 年林奈建立以来，许多科研工作者从形态学、解剖学、细胞学、遗传学、系统分类学及分子生物学等角度对其展开了广泛而深入的研究，为其分类、育种、遗传图谱的构建以及进一步深入研究奠定了良好的基础。

第一节　披碱草属植物的主要功能

一、披碱草属植物的生态功能

1. 涵养水源、防止水土流失

披碱草属植物是多年生疏丛型牧草，属上繁草，盖度较高，植物根系为须根系，在土壤中呈网状分布。在退化和沙化草地上进行披碱草属植物补播，不但可以减少裸地，而且可以减缓地表径流速度，能够有效稳固土壤，增加土壤涵水量，防止水土流失，有效保持土壤肥力，为草地植被更新提供优质的土壤基础。

2. 护坡功能

近年来，随着人们对生态环境保护认识的逐渐提高，利用植物对边坡开展防护的应用越来越广泛（肖涛，2019；刘亚斌等，2020）。草本植被护坡具有独特优势：适应性强，很多北方草种 4—9 月播种均能萌发，草种播种时间比较宽泛，因而种植草本植被护坡可以缩短工期；繁殖能力强，结种量大，便于播种；分蘖力强，生长较快，萌发到成坪所需时间短，对于裸露土壤的覆盖速度快，防止水土流失效果好；草本植被须根多，根系网密，固定土壤能力强，利于边坡稳定。

披碱草属植物具有以上草本植物护坡的所有优点。能适应比较广泛的气候及土壤类型，具有一定的抗旱寒及耐盐碱能力，且披碱草属种子萌发时间短，生长速度快，分蘖能力强，最多可达 100 个。其根系平均单根抗拉强度较大，对土体抗剪强度贡献显著（付江涛等，2020）。研究表明，垂穗披碱草对坡面降雨截流、抑制地表径流和减少雨水溅蚀等水文效应较细茎冰草、柠条锦鸡儿好，抗拔力较芨芨草大，故垂穗披碱草护坡效果较芨芨草好（卢海静等，2013）。披碱草属植物和其他禾草混播护坡效果更好，无芒雀麦、冰草、披碱草1:1:2混播是优良的护坡混播配比组合（李琴等，2015），无芒雀麦、冰草、披碱草、老芒麦4种禾本科植物进行混播亦有很好的护坡效果（于然等，2015）。目前，青藏高原铁路路基边坡护坡植物首选草种为垂穗披碱草，其次是鲁梅克斯（学名巴天酸模）。鲁梅克斯是宿根性植物，扎根极深，和垂穗披碱草的竞争关系比较弱，把这两种草进行混合播种来建立铁路护坡效果应该更好（朱勇等，2008）。

3. 景观效应

当前，公路路域植被景观恢复与重建已成为公路建设中不可缺少的重要内容。随着国家公路建设水平的提高，路域植被景观建设正从单一的行道树绿化向乔—灌—草结合的立体绿化模式发展。李静等（2019）在贡嘎山地区折多山的4个海拔（3 300m、3 450m、3 600m和3 750m）公路路域，开展3种乔木树种、7种灌木树种和4种草本植物的野外栽植试验，以筛选适宜该区域路域的植被景观生态恢复物种。乔木树种中，云杉在4个海拔处的适应性最强，光核桃的适应性明显增强，在海拔较低处，乔木层中可以考虑加入光核桃。灌木树种中，紫叶小檗和铺地柏在各海拔处均能很好地适应，燕麦、小花碱茅、老芒麦和披碱草4种草本植物在各海拔的适应性均较高，草本层恢复可以考虑这4个物种。李海云（2016）对鄂尔多斯铜川镇城市道路绿化研究发现，在道路绿化设计中构筑乔、灌、草复合植物群落，草本中使用三叶草、披碱草、紫花苜蓿等具有很好的景观效应。

4. 对土壤改良作用

种植披碱草属植物，能明显提高土壤肥力，改善地力。贾倩民（2014）在宁夏干旱区弃耕地利用6种牧草（草木樨、紫花苜蓿、沙打旺、扁穗冰草、蒙古冰草和披碱草）建植人工草地。禾本科草地提高速效磷、速效钾含量的效果强于豆科草地，效果大小为披碱草>扁穗冰草>蒙古冰草。禾本科中披碱草草地真菌数量显著多于扁穗冰草和蒙古冰草（表1-1）。在干旱区，种植紫花苜蓿、披碱草和冰草3种常见草本植物，并结合施用不同浓度的微生物菌肥处理，施用微生物菌肥或种植紫花苜蓿、披碱草和冰草能有效改良干旱区土壤（毛骁，2019）。由此说明披碱草属牧草与其他牧草混播能明显提高土壤肥力，尤其是与豆科牧草混播，根系成层分布，增加了土壤单位体积内的根数量，这些根系衰败死亡后便化作腐殖质，增加土壤肥力，增加人工草地氮产量，并提高牧草品质，缓解氮素对人工草地生产力的限制（万志强，2018）。

表 1-1　不同草地的土壤理化性质（贾倩民等，2014）

草地类型	水分含量（%）	容重（g/cm³）	有机质（g/kg）	速效磷（mg/kg）	速效钾（mg/kg）	真菌（×10³ cfu/g）
撂荒地	5.63	1.37	4.91	3.91	127.13	2.45
草木樨	5.57	1.28	7.45	5.07	125.7	4.53
紫花苜蓿	5.92	1.25	8.11	5.91	134.5	5.63
沙打旺	6.05	1.26	7.93	5.78	136.6	5.94
扁穗冰草	6.52	1.29	5.67	6.24	142.2	6.15
蒙古冰草	6.40	1.32	5.28	6.05	140.29	5.96
披碱草	6.73	1.23	6.33	6.35	148.55	6.45

5. 披碱草属植物在草地生态系统稳定性和恢复中的作用

青藏高原是巨川大河的发源地，也是世界山地生物物种的重要起源中心，生态环境原始、独特而脆弱。青藏铁路沿线植被及生态环境保护受到极大关注。垂穗披碱草、老芒麦、燕麦、中华羊茅、草地早熟禾、羊茅等是该地区人工草地建植和天然草地改良最常使用的材料，发挥着极其重要的作用。披碱草属植物与其他禾草混播对青藏高原的牧草生产以及生态系统的恢复提供了重要保障，是一种有效的人工草地管理方式。郑华平等（2009）认为，垂穗披碱草、中华羊茅和草地早熟禾混播后地上生物量增加了 55.74%。利用多年生禾本科植物早熟禾、垂穗披碱草和中华羊茅等在"黑土滩"退化草地上建植人工草地，以其生产性能、生态功能双赢的优势成为"黑土滩"草地治理中的首选方法，并得到广泛推广应用（邓自发等，2010）。垂穗披碱草、赖草、冷地早熟禾和中华羊茅对青藏高原高海拔干旱地区气候环境具有较好的适应性，在植被恢复中值得推广，且几种植物混播的植被群落更加稳定（何财松等，2013）。披碱草属植物在青藏高原高寒矿区煤矸石山人工建植中也发挥着重要的作用，尤其垂穗披碱草土壤种子库密度最大，适合低温环境条件下生长繁衍，也是高寒矿区植被恢复的关键栽培种，在矿区煤矸石山及青藏铁路取弃土场植被恢复具有重要意义（杨鑫光，2019；陈桂琛，2004）。

6. 披碱草属植物对重金属污染土壤的修复作用

工业和城市化的快速发展，导致大量有毒有害物质排放至世界各地的江河、湖泊和海洋中，并在沉积物中大量积累。利用植物修复污染的关键是找到合适的超积累、耐受性植物。刘新蕾（2015）根据长江流域疏浚底泥养分特征，筛选了适于长江流域疏浚底泥生长且镉（Cd）富集效果好的修复植物，有披碱草、印度芥菜、龙葵、黑麦草、美人蕉和紫花苜蓿。披碱草和黑麦草虽不如印度芥菜的积累效果，但生物量大，对镉的吸收量也较大，披碱草、印度芥菜、黑麦草对微生物的应激性也较明显；目前随着人类对矿区资源的开发，加剧了生态环境的恶化。矿山的采冶不仅造成大量的土地破坏、重金属裸露，而且带来严重的环境污染问题。赵玉红等（2016）对藏中矿区调查研究表明，垂穗披碱草、紫羊茅、高山嵩草、高原荨麻、尼泊尔酸模、珠芽蓼6种植物在尾矿库均能生长并定居，是恢复铅锌矿废弃地的先锋植物。在矿区废弃地上生长的垂穗披碱草、紫羊茅、高山嵩草、高原荨麻的根、叶和茎中重金属含量之和都远高于普通植物重金属最大含量，同时也高于相关行业标准。随着石油加工企业密布及现代工业化和城市化进程的加快，石油污染问题日趋严重，在石油勘探、开采、运输、加工以及冶炼过程中对油田周围土壤及植物也造成了严重的污染。李帅国等（2018）研究发现，在合适的污染浓度范围内，披碱草能适应石油污染胁迫而萌发生长，说明披碱草具有一定修复石油污染的潜力。

二、披碱草属植物在畜牧业发展中的作用

牧草是家畜和野生草食动物赖以生存的物质基础。牧区尤其是高寒牧区，草畜矛盾日益尖锐，家畜始终处于"夏壮、秋肥、冬瘦、春乏"的恶性循环状态，严重制约着畜牧业可持续发展。披碱草属植物在畜牧业发展中起着不可低估的作用。

1. 实现草畜平衡，促进畜牧业可持续发展

披碱草属植物植株高大，叶量丰富，一般叶量占植物体重量的一半以上，该属牧草产草量较高，平均株高达70cm以上，营养价值高，适口性好，各种家畜都喜食，牛更为甚。其中，垂穗披碱草更是一种具有抗寒性强、粗蛋白含量高以及适口性好等特性的饲用价值较高的优良牧草，可以用于建植放牧草地和人工草地，利用其在滩涂荒地上进行人工草地建植，在退化草地上进行补播，在沙化土地上进行种植，可以在最佳刈割期刈割，为家畜提供大量优质牧草，尤其为高寒牧区牦牛和藏羊冬春季严重缺草季提供饲草，缓解了该地区草畜矛盾，促进该地区人与自然协调发展。

2. 为野生草食动物提供食物资源

高寒牧区具有丰富的野生动物资源，如野驴、藏羚羊、斑羚、野牦牛、白唇鹿等，随着草畜矛盾的日益尖锐，这些野生动物的食物资源也在逐年减少，与家畜争草的局面越演越烈。在退化草地上进行披碱草属植物种植可以为野生草食动物提供食物，有效缓解与家畜争草的局面，从而达到实现畜牧业可持续发展和保

护野生动物的双重作用。

三、披碱草属植物是重要的基因资源库

该属中的许多野生种，均含有抗普通栽培小麦和大麦的一些病虫害和抗逆的基因，如抗大麦黄矮病（BYDV）和小麦花叶病（WSMV）病毒，抗大麦锈病等，而且这些基因能通过现代遗传和生物技术的方法从野生种类中转移到栽培小麦和大麦的遗传背景中来。因此，披碱草属植物可以作为小麦和大麦遗传多样性的基因资源库，可以为麦类作物的改良和育种以及提高牧草品质提供较好的基因资源。因此，作为丰富麦类作物和牧草遗传多样性的基因资源库，披碱草属植物具有重要的经济和生态价值。

第二节　披碱草属植物研究现状

一、披碱草属植物研究中存在的主要问题

1. 披碱草属植物研究与利用现状

我国对披碱草属种质资源的搜集、整理、保护等工作仍处于放任自流阶段，许多野生种仍处于自生自灭的状态。很多已经搜集到的种子也没有得到及时鉴定和保存，致使它们有丧失活力的危险，而且许多品种的优良特性亦没有被发现且得以很好地利用（孙建萍等，2005；刘玉萍等，2014）。因此，尽快并且尽可能投入大量的人力和物力进行野生种质资源收集、鉴定、评价等工作迫在眉睫。

在我国批准的国家重点保护野生植物名录中禾本科有 15 种，据国务院颁布的《国家重点保护野生植物名录》显示披碱草属二级濒危保护物种多达 5 个，包括无芒披碱草 [*E. submuticus*（Keng）Keng f.]、短芒披碱草 [*E. breviaristatus* （Keng）Keng f.]、毛披碱草（*E. villifer* C. P. Wang et H. L. Yang）、黑紫披碱草 [*E. atratus*（Nevski）Hand. -Mazz.] 及紫芒披碱草（*E. purpuraristatus* C. P. Wang et H. L. Yang）。它们在草地畜牧业发展和生态建设上发挥着重要作用。但由于气候的不断变化和生态环境的破坏，一些披碱草属物种已成为濒危物种，急需相关的研究和保护。开展披碱草属植物种质保存和创新对保护珍稀、濒危生物资源，保护生物多样性有着积极的作用和意义。

2. 披碱草属种质资源鉴定与评价工作

披碱草属植物具有潜在的巨大的生态和经济功能，但是由于长期缺乏大量的科研投入，我国披碱草属种质资源的鉴定、利用及遗传多样性研究等方面与国外

相比还相当落后。与农作物及其他优良牧草种质相比，披碱草属种质的研究至今还仍然停留在一些最基本的基础性研究上，对其重要性状的分子标记和遗传图谱的绘制等研究远远滞后于国际先进水平。而且近年来关于披碱草属植物组织培养方面的研究极少，这将严重阻碍对其抗逆基因资源的挖掘与利用。因此，迫切需要借鉴国内外先进技术和手段，开展有关分子生物学和生物技术的基础研究与应用研究。

3. 田间栽培技术落后

国内关于披碱草属植物田间栽培的研究较少，田间试验仅停留在简单的某个区域进行小区研究，缺乏披碱草属植物种植、生产、管理等技术的理论依据，对不同时期披碱草属植物营养价值变化情况的研究更是很少。尤其高寒区，气候条件差异较大，披碱草属植物播种过程中播种方式、播种量、播种时间、出苗率等受不同水热条件的影响较大。同时，不同的田间种植管理模式、施肥量、施肥方式等对披碱草属牧草生长具有重要影响。因此，在以后的披碱草属植物栽培研究中，应多方面多区域系统地进行研究，以便为当地披碱草属植物种植提供科学参考依据。

二、研究展望

1. 迫切需要建立高效的小麦族转基因技术平台

众所周知，披碱草属植物不仅是优良的牧草，而且还具有麦类作物所缺乏的高产、优质、抗病、抗虫和抗逆等优良基因，是改良和育成新品种的巨大基因库。利用分子标记开展多基因育种是未来育种的前途所在，需要特别加强优良蛋白质和抗逆基因的分离与挖掘，需要开展表达载体的构建、基因表达调控的分子机理研究、抗病虫害基因以及病毒的分子生物学研究，以便加快培育具有重要应用价值的转基因牧草。可以借鉴农作物如水稻、小麦等分子标记研究方法及成果，尽快获得其大量标记和高密度图谱。同时，不能忽视形态学、遗传学等基础性研究工作，而且要积极获取国外研究的最新信息，及时将国外研究的先进成果与技术应用于我国披碱草属种质资源的研究中，逐步缩小与国际先进水平的差距。

2. 进一步加强种质资源的挖掘、保护与利用

应进一步加强披碱草属种质资源的搜集、整理、鉴定与评价工作，充分挖掘优良基因，充分利用其他牧草遗传资源保存的经验和技术及研究成果，加强披碱草属遗传资源圃的建设与科学管理。进一步加强披碱草属植物遗传资源保存技术研究，如野生种子保存最适宜条件、保存过程中种子活力及遗传完整性的变化。

对种子活力下降的材料及时扩繁，扩繁时应严格隔离，加强披碱草属植物遗传资源的利用，对经过鉴定可在生产中直接利用的种质材料及时进行种子扩繁，积极在生产中推广利用。逐步完善披碱草属遗传资源的鉴定、育种及生产一体化的技术体系。对其进行分子标记、分子克隆等研究，为种质创新打下坚实的基础，同时为核心种质库的建立创造条件。

3. 加强交流与合作

建立健全披碱草属遗传资源的信息服务体系，建立网络信息平台，加强不同国家、地区及其研究机构披碱草属植物基因库之间的合作和交流，取长补短，互利互惠。

总之，对披碱草属进行全面的系统学研究，准确确定该属的范围和属间界限，建立合乎自然的分类系统，判明类群之间的亲缘与演化关系，探讨属的分布中心、地理起源及散布路线，是开展该属其他研究工作的理论基础。进行遗传多样性研究，是其基因库合理开发利用与保护的关键。对经过鉴定及初步试验可在生产中直接利用的披碱草属种质材料应及时扩繁种子，以达到该属植物遗传资源的及时利用。同时在适当条件下，科研工作者应对其进行分子标记、分子克隆，创建基因平台，为小麦族植物的种质创新奠定基础，并为核心种质库的建立创造良好条件。在遗传多样性研究指导下的植物种质资源的收集、保存、评价和利用，不仅是生命科学发展的需要，也是人类社会发展和农业生产持续发展的需要。披碱草属植物丰富的种质资源为我国乃至世界的牧草育种、改良等提供有利条件，其应用前景十分广阔。

第二章 披碱草属植物地理分布及分类

由于披碱草属植物数目多，地理分布广以及分类地位混乱，加之不同学者的研究材料及研究侧重点各不相同，目前的研究成果仍不足以将披碱草属各组系间以及其与小麦族其他属的关系解释清楚，关于披碱草属植物的分类一直以来存在很大争论。因此，进一步分析披碱草属的地理分布、起源与演化关系，揭示物种形成和多倍化进化规律，对了解披碱草属植物其他方面的特性具有重要意义。

第一节 披碱草属植物形态特征

一、根

披碱草属植物的种根一般为 1~5 条（图 2-1），在多年生禾本科植物中是较多的。第 1 条种根出现的时间在播后 8~16d，第二条种根在播后的第 10 天出现，第三条种根在第 16 天出现，第四条根则在第 28 天出现。各条种根均以前期生长较快，后期渐趋缓慢，播后 33d 内种根全部出现，种根寿命较长，约 2 个月。披

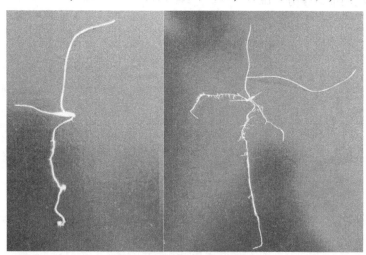

图 2-1 披碱草属植物初生根

碱草属植物种根上侧根出现时间较晚，一般在播后第 13～32 天出现，侧根数从 14 条到 64 条不等，主要分布在种根基部 1～40mm 的部位。披碱草属牧草播后 33～38d 内出现节根（张众等，1991）。随着节根的形成与发育，种根的作用逐渐减退。据研究，种根的生活时期约为 50d。播种当年，节根入土深度可达 70cm，翌年达 110cm 以上。在灌溉条件下，生活 3 年的植株，在 100cm 土层中，根量的 70% 分布于 0～10cm 的土层中，0～20cm 土层中的根量占总根量的 87%，50cm 土层以下，根系极少，仅占总根的 4%。播后经 50d，幼苗进入三叶期，此时地下及地上部分的比例约为 3：1。披碱草属植物根系见图 2-2。

图 2-2　披碱草属植物根系

二、茎

披碱草属植物秆直立，丛生、偶单生，下部的节稍呈膝曲状。株高 70～120cm，粉红色，通常具 3～5 节（图 2-3）。

三、叶鞘及叶

叶鞘通常无毛，基部具宿存枯萎叶鞘；叶舌短，膜质，长 0.6～1.5mm；无叶耳；叶片扁平或内卷，长 15～25cm，宽 3～10mm，两面粗糙或下面平滑，有时上面疏被短柔毛（图 2-4）。

四、穗

穗状花序顶生，直立或下垂；穗轴成熟时不碎断，棱边粗糙或具纤毛；小穗常 2～4（6）枚，同生于穗轴的每节或上下两端每节也有单生者，含 3～7 个小花；颖锥形、线形或披针形。先端尖以至形成长芒，具 3～5（7）脉。脉明显而粗糙，外稃披针形，无毛或密生茸毛，顶端渐尖或延伸成短芒乃至一长芒，芒直

图 2-3   披碱草属植物茎

图 2-4   披碱草属植物叶片

伸或稍向外反曲；内稃常与外稃近等长，顶端钝尖或平截，脊上常具纤毛；花药黄色或紫色，短小。颖果长圆形，顶生茸毛（图 2-5、图 2-6）。

图 2-5　披碱草属植物小穗及花

图 2-6　披碱草属植物颖果

　　幼穗分化分为初生期、伸长期、结节期、小穗突起期、颖片突起期、小花突起期、雌雄蕊形成期、抽穗期 8 个连续时期。幼穗分化初生期、伸长期和结节期发生于植物分蘖期，小穗突起期和颖片突起期主要发生于拔节期，小花突起期和雌雄蕊形成期主要集中于孕穗期，分化至抽穗期时幼穗分化过程结束。从整体来看，位于穗中上部的小穗先发育，之后依次向上下两个方向逐渐分化，位于穗基部的小穗后发育。披碱草属穗状花序中上部的小穗首先开放，然后向花序上下小穗延及，在一个小穗中，下部小花首先开放，并逐步向上延及，顶端小花不开放，或虽开放但常多不结实（谢菲等，2014）。在一天中，披碱草上午不开花，开花时间多在 13—16 时，有时可延至 18 时，但大量开花时间多在 14—16 时。一天内大量开花时的适宜气温为 $27 \sim 35\,^{\circ}\mathrm{C}$，相对湿度为 $45\% \sim 55\%$。雨天及气温较低或湿度过大的天气，花也不开放。

五、籽粒

颖果长椭圆形，长约 6mm，顶端钝圆，具淡黄色茸毛，腹面具宽而深的腹沟，沿沟底有一隆起的深褐色线。胚椭圆形，长约占颖果长的 1/5，突起，尖端伸出。种子极易脱落，千粒重 $3.5 \sim 4.9\mathrm{g}$，每千克种子约 20 万粒。花果期 6—9 月。

第二节　披碱草属植物起源与地理分布

一、起源

通过估算，我国披碱草属植物的分化时间出现在第三纪中新世（5 330 万年前到 2 300 万年前），此时的地球环境正处于干旱和盐害时期。披碱草属植物具有较好的耐旱和耐盐性，可能为了适应这个特殊时期的环境。

亚洲，尤其是中亚山区被认为是披碱草的起源中心。这个假说主要是基于以下事实（Lu，1994a）：①这个地区的物种数目占世界上披碱草属物种的一半；②披碱草属分类学上的重要形态性状都可以在这个地区物种中找到；③这个地区存有不同倍性的披碱草属物种，2n = 4x = 28，2n = 6x = 42，2n = 8x = 56；④披碱草属物种的大部分基因组组成都可以在亚洲找到；⑤存在于大多数亚洲物种的 Y 基因组，被认为起源于中亚或喜马拉雅地区。刘全兰（2005）通过研究表明，披碱草属多倍体植物是典型的属间和种间杂交的结果。大麦属（*Hordeum* L.，H 基因组）、拟鹅观草属 [*Pseudoroegneria*（Nevski）À. Löve，St 基因组]、冰草属 [*Agropyron*（L.）Gaertner，P 基因组] 和澳大利亚冰草属 [*Australopyrum*（Tsvelev）À. Löve，W 基因组] 的二倍体种是该属植物的祖先。StY 基因组之间没有明显的分化，因此推断 Y 和 St 可能有共同的起源，即 StSt 基因组的同源四倍体物种经历了基因组的一系列分化，如基因突变的积累、染色体片段的倒位和易位、基因组间的变化等。随着这种变化的逐渐积累，以至于形成了现在的 StY 基因组。分子证据表明在 StY 基因组的物种之间有明显的地理分化，中亚可能是 StY 基因组披碱草属植物的分化中心，并在此基础上，StY 基因组的披碱草属植物向东亚和西亚进行了快速的辐射，形成了现代 StY 基因组物种的分布格局。多次杂交、迁移和分化是 StY 基因组的披碱草属植物进化的主要动力，拟鹅观草属物种可能是所有披碱草属植物的母本供体。

先前关于北美洲披碱草属植物母本供体的研究证实，北美洲披碱草属植物的母本来源于北美洲拟鹅观草属植物，且北美洲披碱草属植物和亚洲披碱草属植物可能存在不同的母本供体。宋辉（2015）以四倍体披碱草（*Elymus dahuricus*）、长芒披碱草（*E. dolichatherus*）、老芒麦（*E. sibiricus*）、芒颖披碱草（*E. aristiglumis*）和西藏披碱草（*E. tibeticus*）以及六倍体麦薲草（*E. tangutorum*）、圆柱披碱草（*E. cylindricus*）、肥披碱草（*E. excelsus*）和垂穗披碱草（*E. nutans*）植物为材料，构建了供试植物和其潜在二倍体祖先的系统发育关系和网络结构，探讨其起源时间发现，分布在我国的四倍体和六倍体披碱草属植物为独立起源，其亲缘关系和地理分布有关，相同地理位置或相近地理位置的披碱草属植物具有较近的亲缘关系。四倍体披碱草属植物起源于约 1 700 万年前，六倍体披碱草属植物起源于约 850 万年前。北美洲披碱草属和大麦属植物可能是在更新世（Pleistocene）由亚洲经白令陆桥（Hopkins，1967）传播而去。卢宝荣等（1997）通过研究披碱草属与大麦属的系统关系，认为披碱草属不是单系起源的植物类群，其起源演化比较复杂。

二、地理分布

1. 披碱草属植物分布区的气候概况

披碱草属植物野生种分布区的气候概况为：年平均气温为 -3 ~ 16℃，1 月平均气温为 -30 ~ -28℃，7 月平均气温为 15 ~ 24℃，≥10℃ 的积温为 1 660 ~ 3 200℃，无霜期 100 ~ 280d，年降水量为 150 ~ 600mm，其分布区的植被类型有草甸草原、典型草原及高山草原地带，对水、热条件要求不严格。

2. 披碱草属植物地理分布

（1）披碱草属植物在世界上的主要分布区域

披碱草属植物在世界上主要分布于北半球寒温带的蒙古、苏联、日本、朝鲜、土耳其、印度等国家。在苏联，主要分布于欧洲部分的中山地带、东西伯利亚、西伯利亚、中亚、天山、帕米尔及土库曼斯坦一带；在蒙古，主要分布于北方森林草原地带；日本主要见于北海道；印度、土耳其仅分布在西北部及东部地区。

（2）披碱草属植物在中国的分布概况

披碱草属植物广泛分布于我国各省区，特别是西部和北部地区，而以黄河以北的干旱地区种类最多，密度亦较大，是披碱草属植物的重要分布区和多样性分化中心，其垂直分布从海拔几米的海滩一直到海拔5 200m以上的喜马拉雅山高寒草原区。其分布范围广阔，大致从东经81°~132°，横跨50多个经度，东起东北草甸草原，经内蒙古、华北地区，向西南成带状一直延伸到青藏高原高寒草原区，包括黑龙江、吉林、辽宁、内蒙古、河北、陕西、甘肃、宁夏、青海、新疆、四川及西藏。在我国不同地区，披碱草属植物不仅分布密度不同，种类成分也有所不同。

关于披碱草属的分布，文献中还有这样的报道（表2-1），分为东北、华北、西北和西藏4个地区。东北地区分布有肥披碱草、披碱草、圆柱披碱草和垂穗披碱草；华北地区主要以除东北地区的四个种外的老芒麦；西北地区披碱草属包括了6个种，依次是老芒麦、短芒披碱草、垂穗披碱草、披碱草、圆柱披碱草和黑紫披碱草；西藏地区的种分别是垂穗披碱草、披碱草、老芒麦和黑紫披碱草。此外，云南昆明附近亦发现有分布。但地方植物志也有另外新种记录，如青海植物志的青海披碱草（*E. geminata*）、硕穗披碱草（*E. barystachyus*）、西宁披碱草（*E. xiningensis*）。这些分布地区的共同特征是草原或高山草原。该属植物广泛分布于草原及高山草原地带，海拔较高，气候冷凉、干燥及降水量较少的地区。

表2-1 披碱草属地理分布概况（徐柱，1999）

种名	拉丁名	主要地理分布
老芒麦	*Elymus sibiricus*	青海、甘肃、西藏和新疆
加拿大披碱草	*Elymus canadensis*	引进种，原产于北美，内蒙古有引种栽培
披碱草	*Elymus dahuricus*	东北、华北、西北各省区；朝鲜、日本、西伯利亚、远东等地
短芒披碱草	*Elymus breviaristatus*	四川、青海等省，内蒙古有引种栽培
毛披碱草	*Elymus villifer*	内蒙古大青山
青紫披碱草	*Elymus dahuricus*	内蒙古大青山、青海循化等地
紫芒披碱草	*Elymus purpuraristatus*	内蒙古大青山、蛮汗山
圆柱披碱草	*Elymus cylindricus*	主要分布在内蒙古、四川、河北、新疆、青海等省区
肥披碱草	*Elymus excelsus*	东北、内蒙古、甘肃、四川、青海、新疆等省区；远东、朝鲜、日本
麦蓂草	*Elymus tangutorum*	在我国主要分布在内蒙古、山西、甘肃、青海、四川、新疆、西藏
黑紫披碱草	*Elymus atratus*	在我国主要分布在四川、青海、甘肃、新疆、西藏

披碱草属植物广泛分布于草地及高山草原地带，且其中有很多种是很有价值

的放牧场及刈割饲用牧草。在该属牧草中，除老芒麦早有栽培外，1950 年披碱草、肥披碱草已经被列入栽培牧草种类中，并推荐在我国华北及西北地区广泛引种栽培。实际上，苏联早在 20 世纪 20—30 年代就已经将该两种牧草引入栽培并对其做了初步研究。20 世纪 60 年代开始，我国河北坝上地区的原察北牧场首先将披碱草引入栽培，而后在内蒙古锡林郭勒盟试种并推广。同时，垂穗披碱草在西北地区、短芒披碱草在四川首先得以引入，并逐步试种、推广栽培。目前，披碱草属牧草在我国已经广泛种植，具有一定的栽培面积，并在发展畜牧业、改良退化、沙漠化用地中起了较大的作用。现今，披碱草属植物推广应用中面临的最大问题是由于其生长年限短，生长旺盛期仅 2~4 年，而且草质粗糙，易于老化，这对在干旱地区大面积推广种植极为不利。因此，如何提高披碱草属草地产量、品质及生命周期是目前研究的焦点问题。

第三节　披碱草属植物分类

一、披碱草属植物分类

1. 基于形态学的分类

披碱草属是林奈（1753）以老芒麦为模式种建立起来的，*Elymus* 这一名称最早源于林奈的著书《Hortus Upsaliensis》，其中首次列出了 *E. sibiricus* 和 *E. virginicus* 两个种，且对 2 个种的特征做了简要介绍。接着，林奈在其属下进一步罗列了 6 个种，即 *E. arenarius*、*E. sibiricus*、*E. canadensis*、*E. virginicus*、*E. caput-medus*、*E. hystrix*。在 1754 年出版的另一著书《Genera Plantarum》中，林奈始对该属的形态特征做了具体描述，初步将该属定义为 "颖片 2，披针形，近等长；花药极小，椭圆形" 的一类植物。在随后的研究中，林奈虽然又为披碱草属增添了一些新种，但这些种并未得到后人的完全肯定。其间有学者根据当时对披碱草属特征的共同认识，将林奈先前确立的种一个个独立出来，自成一些新属。

1790 年，F. A. von Humboldt 根据颖和外稃芒的差异特征，将 *E. hystrix* L. 分离出来作为模式种，建立了猬草属（*Asperella* Humb.）；1802 年，H. Koeler 依据穗轴每节含并生小穗以及小穗小花数目，将 *E. europaeus* L. 歧异开来，成立了 *Cuviera* 属；1848 年，C. F. Hochstetter 以叶片质地、颖稃被毛和植株横走根茎的区别特征，将 *E. arenarius* 进行鉴别分离，命名了赖草属（*Leymus*）；1883 年，G. Bentham 和 J. D. Hooker 再次对披碱草属的种类、特征和属下划分进行了深入研究，在《Genera Plantarum》（Vol. Ⅲ，Pars Ⅱ）一书中明确地将其种数概括到 20 种，对属的特征进行了极为详细的描述，即 "植株无根茎，秆丛生，叶片细狭；穗状花序顶生，小穗含 2~6 小花；颖狭线形，先端具短芒，1~3 脉；外稃椭圆状披针形，背部圆形，先端钝圆、急尖或平截，下部具明显 5 脉；内稃稍长于外稃，具 2 脊；颖果长圆形，顶端具稀疏的茸毛”等鉴别性状，是 Elymus 研究史上较为全面的一次属的特征修订；1887 年 E. Hackel 在《植物自然分类》一书中基本坚持了他们对披碱草属的分类方法，但其认为披碱草属应该有 30 个种；1933 年，苏联植物学家 C. A. Nevski 在《Flora of URSS》一书中针对苏联披碱草属植物的特点，首先对属的特征做了明显修改，重新将该属描述为：穗状花序下垂或直立，小穗 2~3 枚排列于穗轴各节，每小穗含 3~7 小花，其脉粗糙，具短芒，外稃粗糙，具长于稃体之芒，浆片小，花药较短，约为内稃的 1/2，并据此特征，首次在属下划分了 2 个组，即 Sect. Euclinelymus Nevski 和 Sect. Turczaninovia Nevski。当时一些学者，尤其北美的学者在属名称和属特征上持有不同见解。其中，著名的代表应属美国的 A. S. Hitchcock 1950 年在《Manual of the Grasses of the United States》一书中，首先恢复了该属的名 Elymus，然后定义了属的范围，对属的特征进行了新的描述，明确指出该属是穗轴每节 1 至多枚小穗，小穗背腹对向穗轴，含 2~6 个小花，小穗轴脱节于颖之上或诸小花之间，颖片窄狭或呈锥状，两颖近等长，1 至多脉，顶端尖或具短芒，外稃具不明显 5 脉，顶端急尖至具长芒的类群。他在 Elymus 下共收录、描述了 24 种植物，编制了各植物的分类检索表，理顺了过去分类处理中出现的各类异名。同年，欧洲 A. Melderis 在第七届国际植物学会上宣读了题为“*Generic Problems within the Tribe*”的文章，其主张将 1848 年由德国人 C. Koch 建立的鹅观草属合入披碱草属中，认为当年 Nevski 采用穗轴同节小穗数目的性状作为区分披碱草属与鹅观草属的界限是有局限的。随后，A. Melderis 再次修订了披碱草属的范围，并进而把偃麦草属和拟鹅观草属等类群也一同并入到披碱草属中，从而形成了广义的披碱草属特大属类群。同时，在这一修订中，他将 Elymus 划分为 5 个组，其中自动组名 Sect. Elymus 的出现，从侧面也纠正了先前 C. A. Nevski 的组名过错。

1968—1973 年，N. N. Tsvelev 全面推行广义披碱草属的概念，将过去 Roegneria、Agropyron 和 Triticum 等属中的一些种大量转入 Elymus 中，使得苏联 Elymus 的种数急剧上升。特别在 1976 年出版的《Poaceae USSR》中，N. N. Tsvelev 就已总结出全世界大约有 100 种披碱草属植物，其中苏联有 36 种 24 亚种。但 B. R. Baum 等（1983）坚持狭义披碱草属概念，利用植株外部形态上的 19 个性状对披碱草属及其近缘的鹅观草属、冰草属和偃麦草属等类群的属间界限进行了确认；1989 年，Tzvelev 界定的披碱草属更为宽泛，包括那些簇生的和自花授粉的物种，Tzvelev 并没有将每穗节的小穗数纳为分类标准，他将鹅观草属归在了披碱草属中，但却将猬草属列为独立的一个属。在染色体组分类系统的影响下，Tzvelev 同意将裂颖草属放入披碱草属中，但仍坚持认为猬草属应作为一个独立的属。

我国著名学者耿以礼最先接受 C. A. Nevski 的观点，在 1957 年出版的《中国主要禾本植物属种检索表》中将中国分布的 9 种披碱草属植物，定了 2 个组，即一个穗状花序下垂的老芒麦组和另一个穗状花序劲直的披碱草组；1987 年，郭本兆、杨锡麟和王朝品在《中国植物志》第九卷第三分册中仍坚持狭义的披碱草属概念，不赞成把 *Roegneria* 和 *Asperella* 等含相同染色体组的其他类群纳入该属，在中国确认了 12 种，1 个变种；我国学者郭延平等（1991）在承认狭义披碱草属概念的基础上，以花序形态演化为手段，结合叶表皮和成熟胚解剖结构，论述了披碱草属及其小麦族内其他各属的亲缘关系；徐柱（1997）《中国禾草属志》记载的披碱草属不含鹅观草属、冰草属以及猬草属等，全世界共含 150 多个种，其中我国有 12 种；陈默君和贾慎修（2002）在《中国饲用植物》中记载的 13 个物种为老芒麦、短芒披碱草、无芒披碱草、垂穗披碱草、披碱草、圆柱披碱草、肥披碱草、黑紫披碱草、青紫披碱草、紫芒披碱草、毛披碱草、麦薲草和加拿大披碱草，其中加拿大披碱草源自北美，属于引进栽培物种，其余物种在中国均有分布。《中国植物志》第九卷第三分册记载，在中国，*Elymus* 大约有 12 种，1 变种，主要分布于北温带，多数为丛生禾草。

2. 基于颖的类型分类

最早研究者将披碱草属按颖的类型划分为小颖组（sect. Elymus）、宽颖组（sect. Turczaninovia）和长颖组（sect. Macrolepis）。其中，小颖组确立较早，由欧洲分类学家 Melderis 1950 年依据 *Elymus sibiricus*（L.）Nevski 所建立，现含 9 种 2 变种，中国原产 5 种 2 变种；长颖组确立较晚，由 Jasska 1974 年依据 *Elymus excelsus* Turcz. 所描述，现约含 5 种，中国原产 1 种；而宽颖组确立最晚，由 Tzvelev 1976 年依据 *Elymus dahuricus*（Turcz.）Nevski 而设置，现约含 13 种 3 变种，中国原产 7 种 2 变种。在外部形态上，这 3 组植物皆具直立或下垂的穗状花序，故在其确立前均有学者将它们的全部种放置于早期的披碱草属中。当然，正是由于这 3 组植物具有直立或下垂的穗状花序的共同特征，在一定程度上揭示了它们在披碱草属中的近缘关系。

有的学者将披碱草属按颖的类型划分为两个组，一个是披碱草组 [Sect. Turczaninovia（Nevski）Tzvel.]，为颖宽长类群；另一个是老芒麦组（Sect. Elymus），为颖狭小类群。其中老芒麦组中的老芒麦，颖特别细狭，先端渐尖成芒，而且花序也特别疏松、冗长、蜿蜒下垂。蔡联炳等在研究鹅观草属外部形态特征时发现，鹅观草属中最原始的半颖组 [Sect. Goulardia（Husnot）L. B. Cai] 可能既派生了颖体瘦小的小颖组（Sect. Roegneria），又派生了颖体宽

大的大颖组 [Sect. Ciliaria (Nevski) H. L. Yang]，并在大颖组的基础上演化产生了长颖组 [Sect. Curvata (Nevski) H. L. Yang]；鹅观草属可能起源于族外的短柄草属 (Brachypodium)，尤其短芒短柄草最接近鹅观草属古老祖先的起源类群。鹅观草属在小麦族中的演化水平不是太高，在漫长的系统发育过程中，其中一支经大颖组或长颖组衍变成了仲彬草属，乃至冰草属，另一支经小颖组衍变成了披碱草属以至猬草属。因此，从系统发育的角度来说，披碱草属和鹅观草属应该独立还是合并的争论，源于不同学者认识角度的差异。

3. 基于染色体组分析的分类

1984 年，美国分类学家 Löve 在其 "Conspectus of the Triticeae" 中提出了以不同物种的染色体组的异同来确定小麦族属的界限的分类系统。在此分类定义下，将由 StH、StY、StYH、StStY、StStH、StHH、StPY 和 StWY 染色体组组成的物种确定划归为广义披碱草属。该属包括了传统定义上的披碱草属、鹅观草属 (Roegneria C. Koch)、猬草属 (Hystrix Moench)、裂颖草属 (Sitanion Raf.) 和仲彬草属 (Kengyilia Yen et Yang)，是小麦族中最大的属，全世界共有 150 多个种，广泛分布于温带地区，特别是北半球的温带地区。这些属在形态上的主要特征是每穗轴节上着生 1 至多个小穗，颖呈披针形或卵状披针形，每个小穗含多枚小花，具有自花传粉的特点。按照这种划分依据，鹅观草属被归于其中，并得到了许多欧美学者的认同。与此同时，美国的 D. R. Dewey 利用细胞学资料对 Elymus 进行了研究，均认为 Elymus 是二倍体多年生物种经天然杂交而形成的异源多倍体，在细胞学上应是包含 SH、SY、SHY 组的类群，因而将小麦族中所有含相同染色体组及组合的分类群纳入此属，把原属中所有不具该染色体组及组合的分类单位移出，从而在一定程度上更新了披碱草属的原有概念；A. Löve 和 D. R. Dewey 关于染色体组资料研究的结果，不仅将 Roegneria、Asperella 等属继续纳入披碱草属中，而且还为该属引进了不少新的组合类群，共列举了 137 种披碱草属植物，并将这些植物划分为 10 个组，对每个组均赋予了特征描述和组模式。自 Löve 和 Dewey 后，许多学者对披碱草属物种的染色体组组成进行了研究，发现披碱草属不仅包括 St 和 H 基本染色体组，还包含了 P、W、Ns、Y 和 Xm 染色体组，其 St 来自拟鹅观草属 [Pseudoroegneria (Nevski) Löve]，H 来自大麦属 (Hordeum L.)，P 来自冰草属，W 来自南麦属 [Australopyrum (Tzvelev) Löve]，Ns 来自赖草属，Y 和 Xm 来源未知。此后，Lu 和 Bothmer (1990, 1992)、Lu (1993) 分别将 E. tsukushiensis (即 R. kamoji)、E. himalayanus、E. schrenkianus、E. nutans 与其他已知染色体组组成的披碱草属或鹅观草属物种杂交，观察杂种染色体配对，确定上述 4 个物种的染色体组组成均为 StYH，应该属于曲穗草属物种。Assadi 和 Runernark (1995) 通过分析杂种 E. transhyrcanus (StStH) ×Elytrigia repens 的染色体配对情况，发现二价体数很高，证

实了 *Elytrigia repens* 含有 StStH 染色体组组成，应当归入披碱草属。染色体组分析法可以有效地确定小麦族物种染色体组组成，解决了一些系统分类和起源演化上的学术问题。

Löve 和 Dewey 的分类观点被大多数分类学家所接受。但大多数亚洲禾草学者认为他们的染色体组分类方法虽具有一定科学性、系统性和新颖性，但明显偏离了属群的形态学概念，不接受广义披碱草属的概念，而接受狭义披碱草属概念，尤其对于该方法把属于某些染色体组的集合对等起来的做法表示不认同，他们认为将披碱草属和鹅观草属各自独立更合适，特别是主张将 *Roegneria* 和 *Hystrix* 从 *Elymus* 中独立出来，即将 *Elymus* 和 *Roegneria* 作为独立的属来处理。杨瑞武等（2003）不单在外部形态上肯定狭义披碱草属的成立，而且还采用改良的 Giemsa-C 带技术，分析了披碱草属、鹅观草属和猬草属模式种的染色体 C 带带型，极力支持这 3 个属植物的独立。因此，关于披碱草属和鹅观草属应归为一个属还是处理为两个独立的属尚存争议，该问题也是确定披碱草属分类界限的焦点问题。披碱草属物种分布广泛，仍有很多物种的染色体组组成等待研究。

二、披碱草属植物分类中存在的问题

1. 分类界限仍很模糊

由于披碱草属植物种类繁多、分布广泛、生境多样以及形态变异较为复杂，导致该属在分类上存在许多问题。同时，由于地域的局限和地区间交流的缺乏，至今不同系统学家的意见仍不统一，致使披碱草属的归属和在小麦族中的分类存在国内外不一致，给国际之间的交流和合作研究带来很多不便。甚至是同一种披碱草属植物被不同的学者多次发表及同物异名现象的出现，大丛鹅观草最初被崔大方（1990）定为披碱草属的大丛披碱草。蔡联炳于 1996 年考察了新疆地区的蜡叶标本，根据形态特征将大丛披碱草重新组合成了大丛鹅观草。

近年来，科研工作者们从细胞学、细胞遗传学、形态解剖学、数量分类、同工酶和分子标记等方面对该属植物进行了大量研究。目前分歧较大的分类处理仍然是将披碱草属和鹅观草属合并为一属，即 *Elymus*，还是将其划分为两个独立的属。基于形态学的传统分类，披碱草属与鹅观草属的区别在于：披碱草属每一穗轴节上着生两个小穗，而鹅观草属的每个穗轴节上仅着生一个小穗。依据形态学特征区分披碱草属和鹅观草属越来越受到限制。周永红等（2013）通过野外考察和对植物标本进行观察，发现形态特征随水肥状况不同而呈现较大幅度变异，在肥沃条件下偶见一些鹅观草属物种的部分穗轴节着生 2 至多个小穗，而披碱草属在土壤瘠薄和干旱条件下会出现一些穗轴节小穗单生的情况。因此，仅依据外部形态上每节着生小穗数不能区别披碱草属与鹅观草属。一些种间、属间亲缘关系的研究也表明其作为这两个属的属间界限是不合理的。传统的披碱草属中，含 StH 染色体组的物种，在每一穗轴节上既有单小穗的，如犬草（*Elymus caninus* L.），也有两个小穗的，如老芒麦（*E. sibiricus*）。从细胞遗传学的角度看，鹅观草属的模式种高加索鹅观草（*R.caucasica*）具有 StY 染色体组，而披碱草属的模式种老芒麦（*E. sibiricus*）具有 StH 染色体组，构成了这两个属的主要差异。

目前在含 StH 基因组物种的分类处理上存在很大的分歧，它们曾被归在披碱草属（*Elymus*）、猬草属（*Hystrix*）、裂颖草属（*Sitanion*）及偃麦草属（*Elytrigia*）等不同属中，且许多物种还作为属的模式种处理。尽管具有相同的基因组组成，含 StH 基因组的小麦族物种却表现出不同的形态特征。一些在分类学上作为重要分类指标的性状，如颖、外稃、每穗轴节着生小穗数等存在着明显差别和较大的变异。因此，小麦族中含 StH 基因组的物种具有不同的形态特征，不同的地理分布和生境，以及不同学者不同的分类处理，使得它们间的关系显得非常复杂，分类处理困难。

2. 属下各种群分类亦存在较大分异

按照中国植物志第九卷第三分册记载（郭本兆，1987），披碱草属植物在我国大约有 12 种和 1 个变种，根据其形态特征分为花序直立和花序下垂两部分。花序直立的包括 7 个种和 1 个变种，其中披碱草、肥披碱草、麦薲草、圆柱披碱草的外部形态特征和地理分布比较相近，在形态学水平上很难区分，经常造成标本的错误鉴定。有部分学者曾建议将麦薲草作为肥披碱草的变种处理，圆柱披碱草只是披碱草的一种特殊类型，青紫披碱草可以看作是披碱草的变种，仅以植株基部叶鞘密被长柔毛，颖脉上粗糙、疏被短硬毛与披碱草相区别。而加拿大披碱草原产北美，为我国北京地区栽培种。毛披碱草和青紫披碱草特产于我国内蒙古大青山，与其他种具有较为明显的形态学区分特征（徐柱，2004）。花序下垂的包括 5 个种，其中短芒披碱草、无芒披碱草和黑紫披碱草因地理分布有限，又具有较为明显的形态特征，比较容易区分。

目前，分歧较多的还是老芒麦和垂穗披碱草的鉴定问题。老芒麦和垂穗披碱草在我国分布较为广泛，传统上对 *E. sihiricus* 和 *E. nutans* 种的识别和形态的划分通常是以穗状花序的形态、每穗轴节上着生小穗的数目及颖先端芒的有无等性状来进行的。然而，野外调查中发现这两种植物的上述形态特征变异幅度很大，*E. sibiricus* 的穗状花序时常会紧密，颖先端的短芒也会变为芒尖，特别是分布在海拔较高地区的 *E. sibiricus* 更是如此。有时，*E. nutans* 在土壤瘠薄和干旱的环境下也会出现每穗轴节小穗单生的情况。这两个种由于各自存在不同的生态型而在形态特征上具有较多的性状交叉。加上中国植物志和一些地方植物志对这两个种形态特征的描述也有出入（表 2-2），地方植物志也有披碱草属植物另外新种

表 2-2　三种植物志对 *E. sibiricus* 和 *E. nutans* 的描述比较（卢红双，2007）

植物志名称	种名	株高(cm)	叶长(cm)	叶宽(mm)	穗长(cm)	颖长(mm)	第一外稃长(mm)	芒长(mm)	叶鞘是否具毛	是否具小穗柄
中国植物志	*E. sibiricus*	60~90	10~20	5~10	15~20	4~5	8~11	15~20	光滑无毛	无
内蒙古植物志	*E. sibiricus*	50~75	9.5~23	2~9	12~18	4~6	10~12	8~18	光滑无毛	没记载
云南植物志	*E. sibiricus*	50~90	10~22	4~9	7~17(20)	4~5	8~10	13~17	平滑无毛，分蘖者常被柔毛	常具1mm的短柄
中国植物志	*E. nutans*	50~70	6~8	3~5	5~12	4~5	10	12~20	基部和根出的叶鞘具柔毛	近于无柄或具极短的柄
内蒙古植物志	*E. nutans*	40~70	(3)7~11.5	2~5	5~9(12)	3~4(5)	7~10	10~20	叶鞘无毛或基部和根出叶鞘具柔毛	没记载
云南植物志	*E. nutans*	40~60	3~8	2~4	4~12	约5	约10	12~18	叶鞘无毛或基部者有时被疏柔毛	没记载

记录，如青海植物志的青海披碱草、硕穗披碱草、西宁披碱草。因此造成了不少学者对 *E. sibiricus* 和 *E. nutans* 两个种的错误鉴定。

这种分类系统的国内外不统一，除了分类采用的标准不一致外，披碱草属植物的分布地区差异较大和每一种分类方法所继承下来的历史原因也是重要的影响因素。

目前，披碱草属的系统学分类仍存在混乱现象，文献记载相互矛盾，没有一致的分类标准，为进一步开展研究带来了很多不便。因此，建议进一步开展该方面的研究工作，除了依据形态外，应将细胞遗传学、分子遗传学、系统分类学等学科的理论和技术相结合，以更好地探明属间的区别、种间亲缘关系和系统发育情况，确保披碱草属种质资源的分类准确一致。

第三章 披碱草属植物表型特征

通常进行披碱草属植物形态学研究所利用的表型性状主要有两类：一是符合孟德尔遗传规律的单基因性状，如叶片颜色、茸毛分级、穗颜色、穗形状等质量性状指标。另一类是根据多基因决定的数量性状，如调查成熟期植株的表型性状：叶片数、穗长、穗宽、穗节数等数量性状指标。披碱草属植物演化十分复杂，在长期演化及生境变化过程中，各物种基因库形成于不同的自然选择压力，导致物种演化式样存在巨大差别，并且可以体现在种内不同居群间的形态分化上。

第一节 披碱草属植物表型多样性

一、垂穗披碱草表型多样性

青藏高原由于独特的气候条件，生长在此的披碱草属植物表型性状具有广泛的变异，尤其是垂穗披碱草表型变异更为丰富。分布于若尔盖高原的垂穗披碱草种群组成共有 8 个类型，各个类型之间表现型各不相同，各个类型的生育期以及其在群落中的地位也不尽相同（卞志高等，1995）。垂穗披碱草穗部的遗传变异程度较大，居群内的遗传多样大于居群间的遗传多样性（张建波，2007）。2009 年，陈智华对来自四川、青海、甘肃、西藏以及新疆的 54 份垂穗披碱草进行形态多样性分析发现，所测 30 个形态性状的平均变异系数为16.05%，平均多样性指数为 2.218，聚类分析发现供试材料聚为植株低矮、中等、高大几种类型。德英等（2013）对 19 份垂穗披碱草的 24 个表型性状分析发现，各性状的变异系数在 4.87%~26.35%，第一颖长、种子千粒重、穗下第一节间长以及穗颜色是主要的变异性状，而株高和种子宽则是垂穗披碱草稳定的遗传特性。株高、小穗数、穗宽、内稃长、外稃长、穗下第一节间长、穗长、外稃芒长、旗叶长、旗叶至穗基部长、旗叶宽 11 个主要特征是垂穗披碱草表型变异的主要指标。

二、老芒麦表型多样性

野生老芒麦居群间表型性状差异明显，来自同一地区的老芒麦因生境不同，其生物学表型性状差异较大，而采自不同地区相似生境的居群生物学性状也有比较大的差异（袁庆华等，2003）。严学兵等（2005）通过对披碱草属内不同居群叶部和穗部等28个表型性状的形态学组分研究发现，老芒麦在形态上具有较为丰富的遗传多样性。在老芒麦生长初期，芽以及细弱幼苗的茎秆颜色表现为绿色、白色和红褐色等多种类型，而在叶鞘茸毛有无、叶片以及叶鞘的颜色间同样有较大的差异，此外其叶片两面都有密毛，与披碱草属内的其他种有比较明显区别。鄢家俊等（2007，2009）通过形态标记将5份老芒麦新品系以及来自川西北高原的36份老芒麦进行了对比研究，来自同一地区的老芒麦聚为同一类，呈现出一定地域分布规律，野生老芒麦种质间和新品系均存在较大遗传变异。海拔、降水量以及纬经度对川西北高原老芒麦居群穗部性状的变异影响较大，而年平均温度对穗部性状的变异影响较小。2009年，严学兵等对我国9种披碱草的40个种群材料28个形态指标进一步进行了数量化测定，最终推荐老芒麦穗部的形状、单株重、分蘖数等14个性状指标可以用于披碱草属植物的系统分类。

三、短芒披碱草表型多样性

短芒披碱草野生种群的规模远小于一般披碱草属其他物种，但其表型多样性依然十分丰富，各性状在群体间和群体内存在着广泛变异，这可能是自身遗传因素和环境因子共同作用的结果。短芒披碱草与老芒麦除芒的长短可以区分外，其他形态特征比较相似，短芒披碱草标本外稃芒长均值为4.51mm，这符合中国植物志中的记录（2~5mm），而且具有披碱草属中的典型小颖组的特征，即花序较密集、下垂，颖长2.1~3.8mm，外稃芒3.0~5.5mm；内稃稍长于外稃，先端渐尖等特征。

丰富的种质资源是植物育种学研究的重要基础，其中表型在鉴定植物种属间亲缘关系和种群生物学分析中发挥了重要作用。因此，在进行种质采集时应该以居群为单位，对现有种群生境进行就地保护，在每个居群中收集尽可能多单株的种子，尽量涵盖该居群的基因库，最大限度地保护披碱草属植物的遗传多样性。另外，披碱草属植物为具有较高异交率的自花授粉植物，筛选出优异种质并且进一步进行自交纯化，利用系统选育法培育表现优异的纯系或利用其作亲本进行杂交育种，选育优良牧草品种。

第二节 披碱草属植物表型变异分析

一、披碱草属植物形态多样性鉴定项目

1. 数量性状

叶片数、穗长、穗宽、穗节数、小穗长、小穗宽、生殖枝长、旗叶与穗基部长度、穗轴第一节间长、第一外稃长、第一内稃长、芒长、第一颖长、第一颖宽、小穗柄、单株重、种子长、种子宽、颖芒长、单穗重、旗叶宽、旗叶长、倒2叶片宽、倒2叶长、株高均值、分蘖数等指标。

2. 质量性状

颜色测定采用目测法，按叶片颜色深浅分1~5个等级（依次是黄色、黄绿、灰绿、青绿、墨绿），测定时间是拔节期—抽穗期；柔毛分级在拔节期—抽穗期测定，植株光滑记为0，叶片正、背面，叶缘或叶鞘柔毛各记1分；穗的颜色分为四个等级：1-黄绿，2-灰绿，3-深绿，4-紫色；穗的形状：1代表直立，0代表下垂。

二、披碱草属植物形态指标的分类

标准差和变异系数是衡量样本各观测值变异程度的统计量，具有优越分类功能的形态指标，应在种内表现稳定，而在种间具有明显差异。据此，严学兵（2009）根据7种披碱草属植物的28个形态指标，分别计算各指标种内和种间平均值（M）、标准差（S）及变异系数（CV）。分类功能系数1为种内变异系数的标准差除以种间平均数的变异系数，分类功能系数2为种内变异系数除以种间平均数的变异系数。经过比较，最后采用2个功能系数的4种组合涉及的指标，对9种披碱草属植物的40个种群进行分类验证，并对材料本身的数据进行比较、统计学检验、优化、筛选，得到具有核心功能的分类指标。

根据具有优越分类功能的指标应在种内表现稳定而在种间具有明显差异的原理，穗的形状、单株重、分蘖数、单穗重、颖长位于功能系数1的前5位，而穗的形状、分蘖数、植株茸毛分级、单穗重、单株重位于功能系数2的前5位。按分类功能系数1，前14位的分别是穗的形状、单株重、分蘖数、单穗重、颖长、外稃、旗叶宽、旗叶长、芒长、倒2叶片宽、小穗长、颖宽、小穗宽、穗的颜色；按分类功能系数2，前14位分别是穗的形状、分蘖数、植株茸毛分级、单穗重、单株重、旗叶长、旗叶宽、颖长、倒2叶片宽、芒长、生长速度（幼

苗—分蘖)、穗的颜色、颖宽、小穗宽。从所包含的指标来看，二者基本相似，具有12个相同的指标，但分类功能系数1里面包括外稃、小穗长，而分类功能系数2包括生长速度（幼苗—分蘖）和植株茸毛分级。

严学兵等进一步通过对多种形态指标的变异分析，对所构建的功能系数实际分类效果进行比较，推荐14个有价值的披碱草属植物分类性状指标：穗的形状、单株重、分蘖数、单穗重、颖长、外稃、旗叶宽、旗叶长、芒长、倒2叶片宽、小穗长、颖宽、小穗宽、穗的颜色。以上结论很好地了解了不同来源披碱草属植物形态变异特性，同时能较好诠释多个种群的披碱草属植物分类，又基本符合经典分类的习惯。

三、披碱草属植物表型多样性变异分析

1. 披碱草属植物各器官的变异分析

祁娟等（2009）通过对来自不同生境的38份披碱草属植物表型多样性进行了研究（表3-1）。来自不同生境的披碱草属植物在营养器官性状中，变异幅度最大的为旗叶至穗基部长，其变异系数为44.695%，其次为旗叶长宽，变异系数分别为28.838%和33.381%，株高的变异系数为18.672%，变异幅度相对较小。营养器官性状变异分析说明披碱草属种质材料株型差异不大，其株高不容易变化，通过育种等手段则难以改良。反之，旗叶至穗基部长，旗叶长宽则变异较大，可以通过育种改良获得与其相关的优良性状。穗部性状变异幅度较大的为每穗小穗数，变异系数为77.005%，其次为小穗宽和小花数，分别为58.131%和31.443%。根据田间观察发现，不同种质资源的花序数和花序大小差异较大。穗部性状变异幅度较小的为内稃长和外稃长，变异系数分别为1.984%和1.670%。种子性状变异最大的是千粒重，变异系数为15.852%。种子长度变异大于种子宽度，其变异系数分别为11.603%和0.126%，长度的变异范围为0.69~1.11cm，平均值为0.826cm，宽度的变异范围为0.11~0.17cm，其平均值为0.144cm。相比而言，种子宽度和种子长度的变异较小。

陈智华等（2009）对54份垂穗披碱草种质进行形态多样性研究发现，内颖长、剑叶长、茎粗、底部节间长、旗叶宽等性状的多样性指数都较高，而内颖宽、茎节数、花序顶起第二穗节小穗长、花序长及外颖长等性状的多样性指数相对较低。这些都表明垂穗披碱草具有较高的形态变异，体现了丰富的表型多样性。株高、茎长、中部小穗长、底部小穗长、外颖长、外稃长、外稃宽、内稃宽这8个性状的变异可以解释总体变异的趋势，可以作为今后垂穗披碱草形态变异研究的主要指标。闫志勇（2013）通过对青藏高原不同来源的披碱草种质资源进行农艺性状评价，37项农艺性状多样性基本统计分析发现，农艺性状变异幅

度最大的是单序空铃数，变异系数为 77.73%，其次是第一颖长 41.7%，变异幅度最小的是外稃宽为 7.75%。茎部的有效分蘖数的变异系数较大，茎粗及秸秆节数的变异系数较小；叶部的旗叶长、旗叶至穗基部长及叶层高度的变异系数较大，叶数变异系数较小；穗部指标农艺性指标变异系数整体幅度较大，大于 15% 的指标占到总指标的 52%；根部的根系重变异系数较大；种子的千粒重的变异系数较大，种子宽的变异系数较小。遴选出了可作为主要农艺性状的指标有正 2 叶长、旗叶长、单序籽粒数、穗长、旗叶至穗基部长、穗宽、旗叶宽、生殖枝长、正 2 叶宽、外稃长、节间长、平均根长、第一颖芒长、单序空铃数、根系深度、第一颖长、茎粗、穗轴节数及第一颖宽，共计 19 个。顾晓燕等（2015）对川西北短芒披碱草种质资源共 7 个居群 84 个单株的 32 种表型性状进行多样性分析。短芒披碱草表型性状在种群间和种群内存在极其丰富的多样性，种群间表型分化系数均值为 41.66%，小于种群内变异（58.33%）；茎秆、叶片、花序、小穗、颖片和内外稃的表型分化系数均值分别为 55.92%、63.18%、38.62%、43.73%、31.45% 和 33.08%。穗部性状的稳定性较高。除第一颖长和外稃脉数外，其余性状与各地理生态因子间的相关性均不显著。

表 3-1 披碱草属种质材料表型性状多样性基本统计分析（祁娟，2009）

表型性状	平均值	最小值	最大值	方差	标准差	变异系数
株高	101.258	60.01	131.31	357.483	18.907	18.672
穗长	16.673	9.05	22.6	10.147	3.186	19.109
穗宽	0.518	0.32	1.03	0.020	0.141	27.220
穗节数	20.709	12.21	27.25	10.813	3.289	15.882
小穗数	1.409	1	6.00	1.177	1.085	77.005
小花数	4.268	2	8.00	1.801	1.342	31.443
穗轴第一节间长	1.593	0.82	2.82	0.211	0.459	28.814
小穗长	1.576	0.93	2.65	0.096	0.310	19.670
小穗宽	0.289	0.16	1.24	0.028	0.168	58.131
旗叶长	14.117	6.04	22.11	16.57	4.071	28.838
旗叶宽	0.704	0.28	1.21	5.539E-02	0.235	33.381
旗叶至穗基部长	23.573	4.31	42.23	111.003	10.536	44.695
外稃长	0.898	0.69	1.21	1.468E-02	0.015	1.670
外稃芒长	1.232	0.29	2.3	0.245	0.245	19.886
内稃长	0.857	0.47	1.15	1.684E-02	0.017	1.984
颖长	0.827	0.41	1.3	5.319E-02	0.053	6.409

（续表）

表型性状	平均值	最小值	最大值	方差	标准差	变异系数
颖宽	0.129	0.01	0.3	3.045E-03	0.03	23.256
颖芒长	0.236	0.11	0.47	5.908E-03	0.059	25.000
穗型	1.256	1.00	2.00	0.196	0.196	15.605
千粒重	3.93	2.52	5.26	0.623	0.623	15.852
种子长	0.826	0.69	1.11	9.184E-03	9.5842E-02	11.603
种子宽	0.144	0.11	0.17	1.348E-02	1.817E-04	0.126

2. 披碱草属种质不同性状的表型多样性指数比较

由表3-2可以看出，22个表型性状的总多样性指数为1.607，居群内多样性指数为0.521，居群间的多样性指数为1.086，居群内遗传多样性占总遗传多样性的比例达32.421%，居群间所占比例达67.579%。由此可见，披碱草属植物种质材料表型多样性变异主要存在于居群间。不同性状的多样性指数差异较大，其中株高、旗叶长、旗叶宽、旗叶至穗基部长、颖芒长、千粒重的多样性指数较高，而表现穗部特征性状的多样性指数较低。披碱草属植物种内不同居群间形态分化明显，但多数与环境相关的数量性状变异大，如株高、穗长、穗重、旗叶长、旗叶宽、芒长与小花数具有较大的变异系数，而质量性状相对稳定，如生长速度、植株茸毛分级、叶片颜色等性状在种内的分化相对稳定。对于植株来说，穗部特征不易受环境的影响，这也是材料鉴定以穗部特征为主的重要原因。

表3-2 披碱草属植物种质材料各表型性状多样性指数比较

表型性状	多样性指数	表型性状	多样性指数
株高	2.064	旗叶至穗基部长	2.085
穗长	1.865	外稃长	1.122
穗宽	1.647	外稃芒长	2.092
穗节数	1.409	内稃长	1.074
小穗数	0.765	颖长	1.863
小花数	1.491	颖宽	1.679
穗轴第一节间长	1.899	颖芒长	2.076
小穗长	1.809	穗型	0.602
小穗宽	1.059	千粒重	2.203

（续表）

表型性状	多样性指数	表型性状	多样性指数
旗叶长	2.071	种子长	1.835
旗叶宽	1.955	种子宽	0.692
总多样性指数	1.607		
居群内多样性指数	0.521	居群内分化系数	32.421%
居群间多样性指数	1.086	居群间分化系数	67.579%

总体看来，对于茎部性状指标，有效分蘖数的变异系数较大，改良难度较小。茎粗及秸秆节数的变异系数较小，选育空间较小，改良难度较大；叶部性状指标，旗叶长、旗叶至穗基部长及叶层高度的变异系数较大，改良难度较小，选育空间较大；叶片数变异系数较小，改良选育较难；根部性状指标，根系重变异系数较大，具有一定的选育参考价值；种子性状指标，千粒重的变异系数较大，选育空间较大，种子宽的变异系数较小，选育空间较小。

3. 披碱草属植物表型变异与生境关系分析

海拔对披碱草属植物形态特征具有较强的可塑性，不同披碱草属植物的形态特征对海拔变化的反应不同，四倍体披碱草属植物对海拔的变化反应更加敏感。因此，部分形态特征可以用于披碱草属植物在海拔梯度上的演化规律的分析。Wilson 等（1985）发现加利福尼亚州的 E. glaucus 遗传分组和海拔有一定的联系，这说明海拔高度在影响其遗传变异方面有一定的作用，同时高海拔和低海拔植物在生理上也是有区别的，海拔和地理位置都是影响披碱草亲缘关系和生物进化的重要因素。严学兵等（2007）通过对青藏高原垂穗披碱草遗传变异的分析发现，海拔和地理位置（纬度和经度）均明显影响其种群的遗传差异，海拔对披碱草属植物的多样性和物种形成与进化都会起到巨大的作用，而且不同披碱草属植物形态特征对于海拔变化的反应不同。海拔高度、经度和年均温对披碱草属不同材料表型性状的遗传变异有重要的影响，但不同生态因子对同一表型性状的影响，同一生态因子对各表型性状的影响均表现出差异性（祁娟等，2009）（表3-3）。另据研究发现，越是极端生境条件下的野生种质资源，越可能具有优良的遗传基因。青藏高原地处"世界屋脊"，高海拔、寒冷、紫外线强烈、干旱等恶劣的自然环境条件下发育的广袤的高寒大草原，经过了漫长的自然选择，大部分牧草种质资源具有高度的抗寒、抗旱等十分珍贵的遗传基因。发掘这些野生牧草种质资源，对促进青藏高原高寒草地生态建设、建立人工草地和改良天然草地、发展草地畜牧业具有极其重要的科学研究和生产价值。

表 3-3　表型性状与地理因子的相关性（祁娟等，2009）

性状	经度	纬度	海拔	年均温度（℃）	年均降水量（mm）
株高	-0.035	-0.241	-0.339 *	-0.297	-0.109
穗长	0.148	-0.266	-0.459 **	-0.335 *	0.038
穗宽	0.457 **	-0.134	-0.054	-0.038	0.151
穗节数	0.095	-0.252	-0.294	-0.122	-0.115
每穗轴节小穗数	0.236	-0.083	0.009	-0.435 **	0.116
每小穗小花	0.15	-0.174	-0.347 *	0.165	0.051
穗轴第一节间长	-0.074	-0.195	-0.25	-0.089	-0.003
小穗长	0.109	0.071	-0.337 *	-0.012	0.14
小穗宽	0.129	0.053	0.103	0.016	0.018
旗叶长	0.173	-0.256	-0.024	-0.495 **	0.111
旗叶宽	0.053	-0.117	-0.249	-0.299	0.143
旗叶至穗基部长	-0.114	-0.106	-0.032	-0.01	-0.356 *

注：** 相关显著性水平为 0.01；* 相关显著性水平为 0.05，余同。

我国披碱草属植物多样性丰富，形态变异很大，变异范围宽泛，其中许多性状在类群间有交叉，不仅增加了类群划分的难度，也造成了变异分析的困扰。地理位置（纬度和经度）是影响披碱草属居群遗传分化的最重要因素，其次是海拔；高海拔对植物的影响突出，尤其是高寒地区，植物除在形态上产生明显的适应对策外，结构上也发生了变化，而低海拔对植物的生理特性影响较大。海拔差异形成的垂直地带性决定了截然不同的生存条件，海拔落差和地理距离越大，生存条件差异也就越明显。

第四章 披碱草属植物解剖结构特征

披碱草属植物解剖结构与生境的关系、解剖结构与植物抗逆性、对分类的意义等方面值得全面研究，探讨披碱草属植物的解剖结构对于遗传基础及生态适应性亦具有十分重要的意义。

第一节 披碱草属植物叶表皮特征

表皮是植物的保护组织，其形态稳定、类型多样，具有较明显的种属特异性，在类群划分中具有极其重要的分类价值。禾本科植物叶表皮是由一些在脉上或脉间的细胞构成，如长细胞、短细胞、气孔器、泡状细胞、微毛、刺毛、大毛、乳突等。

一、披碱草属植物叶表皮结构特征

披碱草属植物表皮位于叶片横切面的上、下两边，并随叶片的波曲而凹凸。该属不同种上表皮细胞形状、大小悬殊，排列比较松弛，厚薄不均，一般在维管束相对区域细胞较小，表皮较薄，非维管束相对区域细胞较大，表皮较厚。下表皮细胞形状、大小通常差异不大，排列也相对整齐，表皮厚薄基本一致。叶下表皮细胞一般由长细胞、短细胞、气孔器组成，脉间长细胞为近长方形，排列整齐，与叶脉平行（图4-1）（王海清等，2009）。披碱草属植物表皮毛主要包括2类，刺毛（图4-2）和大毛（图4-3）。刺毛几乎存在于每个种中，刺毛基部膨大，不凹陷在表皮细胞之间。

披碱草属植物叶的上下表皮都有气孔，气孔排列与叶的长轴平行，只分布在各叶脉之间，叶脉上没气孔分布。气孔的形状无显著差异，都是由2个长哑铃形的保卫细胞和2个副卫细胞组成。气孔器在同一视野内大多为3~4列，镶嵌在长细胞之间；副卫细胞为圆屋顶形、平屋顶形、长屋顶形3种形态。保卫细胞充水时向表皮细胞一侧弯曲而气孔张开，失水时保卫细胞向回收缩而气孔关闭，从而调节植物叶片气体和水分的平衡。叶片上下表皮垂周壁均呈现深浅不同的波纹状，细胞垂周壁呈深波浪状及浅波浪状弯曲；脉间短细胞近椭圆形，由硅细胞、栓细胞孪生组成；垂周壁深波浪状及浅波浪状相互嵌合，而非直线，这种结合方式可能有助于增强细胞之间相互结合的力度，使其在受到外界不良环境时能够更好地保护其内部结构，不但可以提高植物本身对干旱寒冷环境的适应，而且可以抵抗强风撕裂。气孔器的类型、数目与分布及表皮毛的多少与形态因植物种类不同而有差别。

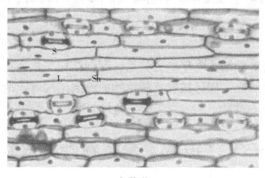

麦薲草

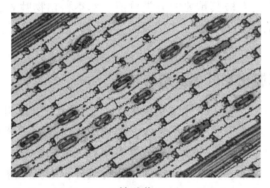

披碱草

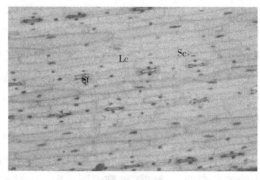

黑紫披碱草

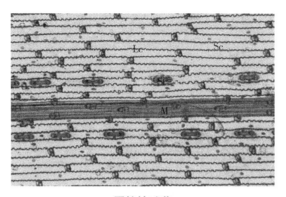

圆柱披碱草

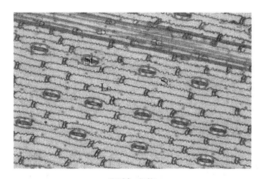

肥披碱草

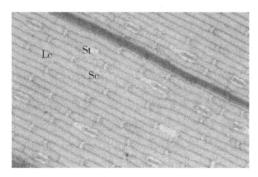

老芒麦

Sc—短细胞；Lc—长细胞；St—气孔；M—中脉。

图4-1　披碱草属植物叶表皮细胞

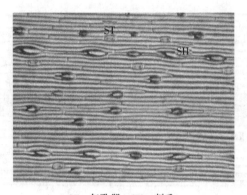

ST—气孔器；SH—刺毛。

图4-2　表皮毛（刺毛）微形态特征

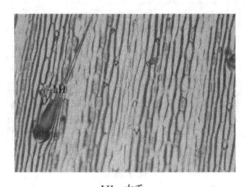

LH—大毛。

图4-3　表皮毛（大毛）微形态特征

二、叶表皮特征的分类学意义

　　近年来，人们逐渐将植物表皮细胞特征用于植物分类学及系统学研究，并证明叶下表皮特征在系统学上具有的潜在价值，对种或科级水平的分类有一定的研究意义。王海清、祁娟等对5种披碱草属植物的叶下表皮特征进行了研究（表4-1）。披碱草属材料表皮结构具有禾本科小麦族植物的共同特征，但同一种材料不同来源或不同种间是有一定差异的，尤其是表皮细胞的大小、气孔器的大小、副卫细胞的形状、垂周壁形态等存在较大变异，可以作为该属内种间的分类依据。此结果印证了解新明等（1998）、马海英等（2006）研究的禾本科植物叶下表皮特征中有很多结构在种间有丰富的变异式样，在分类鉴定中具有重要的价值。

表 4-1　披碱草属植物叶下表皮微形态特征的基本统计分析（王海清，2009）

指标	最小值	最大值	极值	平均值	标准差	变异系数（%）
气孔数	5.60	13.60	8.00	7.41	1.76	23.76
表皮细胞数	38.00	59.50	21.50	47.72	6.42	13.45
气孔器长	32.25	84.83	52.58	40.50	11.59	28.61
气孔器宽	17.23	27.35	10.12	21.73	3.04	13.98
气孔列数	2.80	4.40	1.60	3.27	0.42	12.73
硅质乳突数	12.00	38.60	26.60	24.10	5.86	24.34
长细胞长	85.68	333.85	248.17	191.53	53.99	28.19
短细胞长	3.54	18.23	14.69	9.24	3.05	33.05
副卫细胞形状	1.00	3.00	2.00	1.39	0.61	43.75
垂周壁形状	1.00	2.00	1.00	1.33	0.49	36.38

三、叶表皮特征与生境的关系

　　王海清等（2009）对不同生境披碱草属植物进行研究表明，来自西藏的圆柱披碱草气孔长宽比明显大于同种其他材料及不同种不同材料，麦薲草、披碱草及老芒麦这 3 个种不同材料之间副卫细胞形状及垂周壁形状表现较为一致，而圆柱披碱草表现较为特殊。由于气孔是叶片与外界环境进行气体、水分交换的主要通道，易受环境条件的影响，其中表现特别的一份材料来自西藏江达县，其海拔高度大约在 4 000m。前人所研究被子植物的气孔大小随海拔升高而减小，气孔密度随海拔升高而增大，但对于禾本科植物，杨利民（2003）研究羊草的气孔长宽比是随着海拔的升高变大。气孔长、气孔长宽比、长细胞长与经纬度呈极显著相关性，气孔长宽比还与海拔高度呈显著正相关，副卫细胞形状与纬度呈极显著正相关，与海拔高度呈显著正相关。可见影响植物表皮细胞结构差异的主要环境因子为经纬度与海拔高度，而与年均温及年均降水量相关性不显著。

　　纵观披碱草属参试类群的表皮细胞结构差异，较大的差异几乎总是由上表皮沟的深浅和大型导管数目造成，并且这类性状在类群间形成的间断与外部形态上花序的直曲、颖的宽窄与长短等性状在类群间所形成的间断是十分相似的。因此，可认为上表皮沟的深浅和大型导管数目具有属内次级类群划分的价值，它们对于该属组群的确定具有十分重要的意义。

第二节 披碱草属植物叶横切面结构特征

一、披碱草属植物叶片横切面结构

在光学显微镜下观察（图4-4），披碱草属植物叶片横切面解剖结构主要是由表皮、叶肉和叶脉三部分构成。

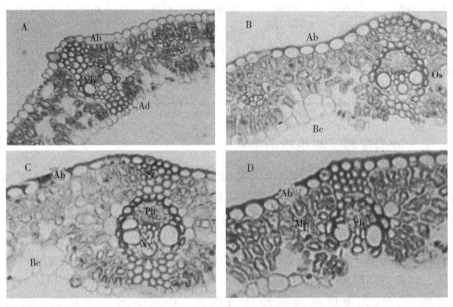

A—老芒麦；B—麦薲草；C—圆柱披碱草；D—肥披碱草；Ab—下表皮；Ad—上表皮；Bc—泡状细胞；Is—内层维管束鞘；Me—叶肉；Os—外层维管束鞘；Vb—维管束；Sc—机械组织。

图4-4 披碱草属植物叶横切面结构

叶的表皮细胞多为近椭圆形，上表皮细胞排列较疏松，其中有比表皮细胞大的泡状细胞，下表皮细胞排列紧密。上下表皮都有角质层，披碱草属植物这层角质层可以保护其不受细菌和真菌的侵害。因此，在田间很少发现有感病情况。披碱草属大部分种叶表面由表皮细胞分泌一层角质层，但厚度各异，其功能主要起保护作用，它不仅可以限制植物体内水分的散失，而且可以抵抗微生物的侵袭等各种不良影响。下表皮角质层发达，气孔多，气孔下方均具有孔下室，其孔下室可形成一定的小环境来减少水分的蒸腾，这些结构特点反映出披碱草属植物有较强的反太阳辐射、抗旱抗寒的能力。

　　叶肉位于表皮以内、维管束之间，其细胞形状、大小及排列层次不很分明，无栅栏组织和海绵组织之分，呈不规则排列，厚壁组织与表皮相接。

　　叶脉为平行脉，由维管束和维管束鞘组成，大小不一，中脉较粗。叶中脉、叶片都属于植物的营养组织，其厚度与植物叶片的幼嫩有关，也与植物生长的环境有关。叶中脉突起度反映了叶脉与叶片所代表的疏导组织和同化组织的相互协调、相互制约关系，具有遗传稳定性。叶脉突起度小的种抗寒性较低，叶脉突起度大的种抗寒性较高。

　　维管束均由初生木质部和韧皮部组成，圆形或椭圆形，大小不均，位于上、下两表皮的中部或近中部，通常具有明显的双层维管束鞘，内鞘细胞小，多在切向内壁和径向壁上加厚，外鞘细胞大，壁薄，有时具有明显的叶绿体。维管束周围的叶肉细胞也不呈放射状排列，维管束旁或气孔下常存在大的腔隙。鞘内木质部和韧皮部轮廓分明，木质部靠近上表皮侧，在大维管束中常具排成"V"形的粗大导管，韧皮部靠近下表皮侧，在小维管束中范围一般较宽。厚壁组织着生于维管束上、下方和/或叶边缘，尤其是大维管束侧的厚壁组织多数情况较发达。

　　披碱草属材料在上表皮两叶脉之间具有泡状细胞，形状似展开的扇子，中间的细胞最大，两旁的较小。当天气干燥、叶片失水过多时，泡状细胞收缩，叶片内卷成筒状，可以有效地减少水分的散失。不同材料泡状细胞的数目及大小不一样。泡状细胞最多为 6 个，最少为 3 个。泡状细胞壁薄，明显大于其他表皮细胞。

　　对于叶缘形状来说，大体上有 5 种，包括渐尖、渐圆、半圆、半圆尖和半椭圆，其变异系数最大为 61.15%。王海清研究表明，麦䅟草的叶缘形状为半椭圆和半圆，披碱草的叶缘形状均为渐尖，老芒麦的叶缘形状均为半圆尖，垂穗披碱草的叶缘形状均为半椭圆，圆柱披碱草的叶缘形状包括渐尖、渐圆和半椭圆，还不能定论。由以上特征可以看出，大部分种的叶缘形状还是较一致的，因此认为叶缘形状可以作为种间分类的一个依据。在叶片的边缘处也分布着几层厚壁组织，其增加了叶缘的坚固性质，从而保证了叶片的抗风沙能力。

　　披碱草属植物叶片的主脉维管束由木质部、韧皮部及机械支持组织组成，起到叶片物质运输和支持作用，而侧脉和细脉维管束的结构趋于简化。主脉维管束的最外方是维管束鞘，维管束鞘有两层细胞，外层是薄壁细胞，内层是厚壁细胞；其木质部在近上表皮一侧，韧皮部在近下表皮一侧。叶片主脉维管束的木质部主要由原生导管和后生导管组成，成熟叶片的水分和无机盐的运输主要由后生导管承担。披碱草属植物主脉维管束中的后生导管一般有 2~3 个。

二、叶横切面结构指标变异特征

由于各材料所处生境不同，一些结构在数量和大小上表现出较大差异（表4-2、表4-3）。叶片厚度常作为衡量植物抗旱性的一个指标，但披碱草属不同材料叶片厚度的差异较大，变幅为26.4~457.8μm，平均值289.853μm，变异系数为33.843%。不同材料上下表皮厚度差异亦较大，上表皮细胞厚度大于下表皮，其中，上表皮厚度变幅为14.15~51.15μm，平均为28.062μm，变异系数为27.685%，下表皮厚度变幅为13.9~48.2μm，平均值为24.26μm，变异系数为30.441%。导管厚度变幅为23.05~86.05μm，平均值为42.656μm，变异系数为27.438%，导管宽平均值为40.266μm，变幅为19.35~93.75μm，变异系数为32.496%。其中变异幅度较大的为中脉厚（38.706%），其次为叶厚（33.843%），变异幅度较小的为导管厚（27.438%），其次为上表皮厚（27.685%）。不同种其厚壁组织厚度各不相同，介于68.70~134.50μm，其变异系数为20.61%。

整体看来，叶片横切面上重点突出的性状演化趋势为：上表皮细胞大小不均→排列松弛→上表皮细胞大小均一，排列紧密，上表皮沟较深、凹曲度大→上表皮沟浅、凹曲度较小→上表皮沟不明显、凹曲度小，维管束中大型导管数目多→大型导管数目较少→大型导管数目少。

表4-2　5种披碱草属植物叶片横切面中脉及较大侧脉结构微形态比较（王海清，2009）

种名	主脉						
	维管束		上表皮厚（μm）	下表皮厚（μm）	后生木质部导管		导管数目（个）
	高（μm）	宽（μm）			高（μm）	宽（μm）	
麦宾草	196.28b	187.83a	25.89ab	24.13a	42.86a	37.31a	4.00a
披碱草	151.28ab	162.66a	23.62ab	26.97a	39.80a	37.44a	3.33a
圆柱披碱草	190.22b	183.17a	26.53b	26.33a	43.14a	39.53a	4.00a
老芒麦	150.76ab	156.66a	21.29a	23.89a	36.83a	33.87a	3.75a
垂穗披碱草	123.40a	138.85a	22.75ab	19.43a	37.35a	30.20a	4.00a

种名	叶中脉突起度	泡状细胞个数	角质层厚度（μm）	叶缘厚壁组织厚度（μm）	叶缘形状
麦宾草	1.74ab	5.22a	4.60bc	86.15a	半椭圆、半圆
披碱草	1.63ab	4.89a	4.03b	98.58a	渐尖
圆柱披碱草	1.59ab	5.00a	3.92b	109.5a	渐尖、半圆、半椭圆
老芒麦	1.93b	4.54a	2.71a	95.45a	半圆尖
垂穗披碱草	1.40a	4.67a	5.65c	108.76a	半椭圆

表 4-3　披碱草属植物种质材料叶片横切面解剖学特征　　　（单位：μm）

名称	角质层	维管束径		表皮厚		中脉厚	叶厚	导管	
		高	宽	上表皮	下表皮			厚	宽
平均值	3.998	176.737	181.018	28.062	24.26	481.585	289.853	42.656	40.266
最小值	1.0	77.6	87.7	14.15	13.9	35.7	26.4	23.05	19.35
最大值	6.4	347.6	349.5	51.15	48.2	1 014.3	457.8	86.05	93.75
标准差	1.167	51.04	50.157	7.769	7.385	186.404	98.095	11.704	13.085
变异系数	29.19	28.879	27.708	27.685	30.441	38.706	33.843	27.438	32.496

三、披碱草属植物叶解剖结构变异与生态环境因子关系

披碱草属植物叶片解剖特征在不同材料间存在着明显的变异性，在叶肉组织的厚度、机械组织发达程度、上下表皮细胞大小、气孔大小、上下表皮分布密度等方面均有明显差异，这说明由于生存环境的不同而引起结构上的变化。其中变异系数较大的为中脉厚（38.706%），其次为叶厚（33.843%），变异系数较小的为表皮细胞数（14.134%），但这些变异系数都小于50%（表4-4）。根据袁永明等（1991）在研究豆科黄华族植物叶片解剖特征时曾区分出系统演化性状和生态适应性状两类，披碱草属材料这些性状应该认为是相对稳定的系统演化性状。

叶是植物进行光合和蒸腾作用的主要器官。因此，从叶的解剖结构就可以反映出植物光合能力以及植物抗旱能力。植物生长环境极其复杂，因而导致植物对生态环境的适应机制也错综复杂，植物形态、结构和生理等方面相互联系、相互制约，很难用一个指标或几个指标来揭示植物的适应性。披碱草属植物在长期进化过程中，其叶片的内部结构和表皮特征发生了较大的特化，这种变化是其结构功能协同作用的结果，结构决定着功能，各功能之间相互协调，共同参与来适应环境。

表 4-4　叶解剖结构各指标与生态因子之间相关性

指标	经度	纬度	海拔	年均温	年均降水量
气孔数	0.046	−0.153	−0.024	0.139	−0.167
表皮细胞数	−0.085	−0.172	−0.099	0.120	−0.039
气孔长	−0.585 **	0.785 **	0.358	−0.188	0.275
气孔宽	0.147	−0.286	−0.119	0.025	−0.177

（续表）

指标	经度	纬度	海拔	年均温	年均降水量
长宽比	−0.613 **	0.894 **	0.399 *	−0.178	0.310
长细胞长	−0.474 *	0.599 **	0.309	−0.214	0.077
短细胞长	0.071	−0.003	0.005	−0.244	0.082
气孔指数	0.212	−0.018	−0.181	0.048	0.134
副卫细胞形状	−0.356	0.606 **	0.411 *	−0.014	−0.203
垂周壁形状	0.130	−0.058	−0.006	−0.196	−0.147
角质层厚	0.038	−0.034	−0.072	−0.113	0.286
维管束高	0.310	0.032	−0.134	−0.157	0.213
维管束宽	0.305	0.029	−0.125	−0.243	0.177
上表皮厚	0.102	0.223	−0.048	−0.338	0.078
下表皮厚	0.142	0.171	−0.065	−0.282	0.133
中脉厚	0.167	0.089	0.029	−0.168	0.052
叶厚	0.086	0.132	0.017	−0.103	0.014
导管厚	0.395 *	−0.016	−0.139	−0.217	0.151
导管宽	0.329	0.057	−0.141	−0.159	0.173

四、披碱草属植物叶解剖结构与其分类的关系

叶片内部结构和叶表皮特征大部分受基因控制，在不同亚科属种间具有明显差异，可以为系统学提供分类依据。蔡联炳等（2006）通过叶片的解剖观察，对赖草属、披碱草属、大麦属、芒麦草属、新麦草属、偃麦草属、鹅观草属的亲缘关系进行了分析。在横切面上，赖草属及其相关6个属的结构虽然均属于狐茅型，但在各类群之间存在差异。其中，披碱草属与赖草属含有最大数量的相同性状，与赖草属的亲缘关系最近，新麦草属和偃麦草属均与赖草属的相同性状较少，该2属仅稍接近于赖草属，而大麦属、芒麦草属和鹅观草属与赖草属的相同性状更少，说明此3属与赖草属的亲缘关系也相对疏远。

小颖组、宽颖组和长颖组是披碱草属下的3个组，在外部形态上，这3组植物皆具直立或下垂的穗状花序。这3个组植物的叶片均为等面叶，由表皮、叶肉和维管束三部分构成，表现为典型的狐茅型，即表皮细胞形状、大小和排列不均，叶肉无栅栏组织和海绵组织之分，具有双层维管束鞘，周围叶肉细胞呈不规则排列，厚壁组织与表皮相接。但3个组植物在上表皮细胞形状、大小、沟的深

浅以及大型导管数目等叶片横切面特征上存在明显差异。根据 3 个组植物叶片横切面性状的演化趋势，对各组的演化关系和系统位置分析表明，小颖组最原始，宽颖组较进化，长颖组最高级。小颖组可能直接派生了较进化的宽颖组，并在宽颖组的基础上进而产生了最高级的长颖组。小颖组、宽颖组和长颖组的这一系统关系与利用外部形态特征所获得的演化趋势基本一致。

无芒披碱草与个别近缘种如短芒披碱草、老芒麦性状差异甚小，种间界限不明确，往往造成野外辨别困难或室内鉴定张冠李戴。张同林等（2008）通过形态学观测和叶片解剖特征分析，探讨了无芒披碱草的系统分类归属。在外部形态上无芒披碱草与短芒披碱草差异甚小难以进行区分，但与老芒麦差异明显，是典型的种间关系。在叶片解剖上无芒披碱草的绝大多数特征与短芒披碱草的一致或类同，可与老芒麦的存在明显间断。故认为无芒披碱草与短芒披碱草是同一个种，无芒披碱草应作为短芒披碱草的异名。

第三节　披碱草属植物茎横切面解剖结构特征

一、茎横切面结构

关于披碱草属植物茎的解剖结构仅见王海清等（2009）对麦薲草茎的结构进行了研究。茎横切面结构可分为表皮、基本组织、机械组织、维管束和髓腔五部分。

表皮细胞 1 层，呈近椭圆形，较小，排列紧密，具有厚或薄的角质层，有气孔存在。基本组织由多层薄壁细胞组成，紧接表皮往往有 3~5 层厚壁细胞分布。机械组织在表皮细胞内形成不同厚度的环带区域，包围着绿色组织以及外围较小的维管束。绿色组织由薄壁细胞组成，在横切面上呈椭圆形，纵向引长。维管束在基本组织中成内外三圈，外圈的维管束体积较小，常与含叶绿体的同化组织相间排列，内圈的维管束体积较大。维管束鞘 1 层，由厚壁细胞组成（图 4-5）。

二、不同来源麦薲草茎解剖结构比较

对来自新疆和宁夏的两份麦薲草进行茎的解剖结构比较发现，来自新疆的麦薲草主茎外围维管束分化成熟，机械组织和绿色组织明显存在。维管束有 3 层，较发达，外轮维管束小，其直径为 60.40μm，最内轮维管束较大，其直径为 72.00μm，维管束周围均由机械组织所包围。中部形成很大的髓腔。表皮细胞较小，排列整齐紧密，表皮具有角质层，厚度为 4.00μm。来自宁夏的麦薲草外围一圈为叶鞘的横切面，内部为主茎的横切面，其主茎外围维管束为叶迹维管束，

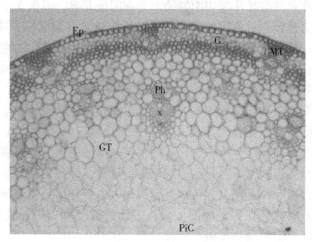

Ep—表皮；C—绿色组织；MT—机械组织；Ph—韧皮部；
X—木质部；GT—基本组织；PiC—髓腔

图4-5　麦薲草茎的解剖结构

主茎外围维管束分化成熟，维管束有4层，维管束系统发达，维管束亦是外轮小，其直径为65.00μm，最内轮大，其直径为89.00μm。基本组织细胞直径由外向内依次扩大，茎的表皮细胞较小，且排列整齐，角质层厚度为6.05μm（图4-6）。

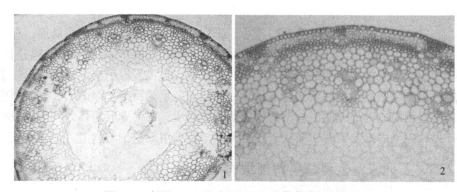

图4-6　新疆（1）和宁夏（2）麦薲草茎解剖结构

对于同一材料不同时期茎横切面比较发现，抽穗期的茎横切面，外围一圈为叶鞘的横切面，较宽厚，组织分化不成熟，内部为主茎的横切面，其外围维管束几乎没有分化，中部没有显示出髓腔。成熟期的茎横切面，包围茎秆的叶鞘较窄，组织分化成熟，机械组织明显分化，内部主茎外围维管束分化成熟，中部形成很大的髓腔。

茎内维管组织发达，在供水充足时可高效输导水分，供叶片大量蒸腾和高效光合。抽穗期茎横切面中部没有髓腔。发育良好的植株，维管系统发达，第 2~3 轮维管束周围的薄壁组织细胞全分化为厚壁细胞，极大地增强了茎的机械强度，提高了植株的抗性能力。茎中有发达的机械组织，可防止干旱或风沙对植株所造成的伤害。

附　披碱草属植物解剖结构制片技术

披碱草属植物取材时间一般选在抽穗到开花期较适宜，太嫩时植株发育不完全，太老不易得到清晰的结构图片。一般在野外就地选取健康无病害的植株，叶片采取自花序下第二叶片的中间部位，剪取 1cm 长，茎一般取节间中部 1cm，根一般取根尖以下分生区部位。取好的样品迅速放入已准备好的 FAA（75% 酒精 90mL+冰醋酸 5mL+甲醛 5mL）固定液，固定液为材料的 20 倍左右。固定时间 24h 以上，其间要抽气使材料完全沉浸在固定液下面，并用铅笔写好标签。

一、表皮微形态结构制片

1. 常规的徒手刮削法

将固定的叶片材料小心转移至一盛蒸馏水的培养皿中，用刀片轻轻刮去叶肉组织，然后将表皮置于载玻片上，迅速用 1% 的番红染色 3~5min，再经过不同浓度梯度的酒精（60%、75%、85%、95%、无水酒精）5min 系列脱水。在用浓度 100% 酒精脱水时，时间可稍短，2~3min 即可，以免时间过长材料变脆，影响制片效果。在完全脱水材料上迅速加 2 滴酒精二甲苯混合液（1:1），2min 后加 1 滴二甲苯进行透明，然后用加拿大树胶封片并置于阴凉处晾干，制成永久装片。

2. 印迹法

取同一时期新鲜叶片，涂上一层透明指甲油，干燥后将胶膜取下，放到载玻片上，盖好盖玻片，放在显微镜下观察气孔及表皮毛。

3. 显微拍照与测量

一般最少选 3 个视野，每个视野 10 个气孔器共 30 个气孔器，并取其平均值得气孔器长度。气孔指数 = ［S/（S+P）］×100%，其中 S、P 分别为放大 10×40 时随机观察的叶片中部视野的气孔数目（S）和表皮细胞数目（P），共观察 20 个视野，求其平均值。

二、横切面制片技术

1. 脱水、透明及浸蜡

将材料从固定液中取出后，其具体流程如下（茎的结构先需要用 10%氢氟酸软化）：75%A（2h）→85%A（2h）→95%A（2h）→100%A（40min）→100%A（20min）→2/3A+1/3X（1h）→1/2A+1/2X（1h）→1/3A+2/3X（1h）→X（1h）→1/2X+1/2 石蜡（过夜）→纯蜡 1（2h）→纯蜡 2（2h）（其中 A 表示酒精，X 表示二甲苯）。

样品需在脱水剂中脱水后再经透明剂透明。一般常采用的透明剂是二甲苯，样品不宜在透明剂中停留过久，否则易引起样品变脆，使切片破碎。为了避免样品组织收缩，样品脱水后应逐步进入二甲苯，即脱水后的样品按顺序分别在2∶1（无水乙醇∶二甲苯）、1∶1和1∶2的乙醇二甲苯混合液中停留1h，之后在二甲苯中停留1h。将熔化后的石蜡倒入盛有透明后的样品和二甲苯熔蜡杯中（一般石蜡和二甲苯的比例为1∶1）。将熔蜡杯置于熔蜡箱中，设定恒温，使石蜡刚好熔化，放置过夜。然后分别利用纯石蜡进行透蜡，整个透蜡过程应在较低温度下进行。透蜡时间应根据样品的老嫩程度适当掌握。

2. 包埋

将渗蜡后的材料和石蜡一起倒入小纸盒（一般折成长方形），用加热的镊子迅速把材料按需要的切面和一定的间隔排列整齐并使其竖直，倒入纯蜡进行包埋。稍微凝固后倒置于清水盆中使其彻底冷却凝固。

3. 修块及切片

将包埋好的材料切割成小块，每个小块包含一个材料，并修成梯形，切面在梯形的上部。注意上部矩形对边平行，梯形底部用烧热的蜡将其固定在木块上。将粘有蜡块的小木块夹于切片机上，木块的大小须正好适合旋转式切片机的夹物部分，调整切距到适当大小，转动调节器条切片厚度 10~12μm，然后进行切片。

4. 烫片及烘片

滴一滴配好的粘贴剂溶液于干净载玻片中央，涂抹均匀后，滴上清水，将取下的蜡带切成小段置于载玻片上（放上 2~3 段），然后将载玻片放到展片台上（保持40℃）烫片。待充分烫平后用吸水纸吸去多余的水。将烫好的片子自然烘干。

5. 脱蜡、染色、脱水、透明

将玻片标本放于 100%X（10min）→100%X（10min）→50%X+50%A

（10min）→100%A（5min）→95%A（5min）→85%A（5min）→番红（85%A配制）（8h）→85%A（3~5min）→95%A（3~5min）→固绿（100%A配制）（30s）→95%A（5min）→100%A（5min）→100%A（5min）→50%X+50%A（10min）→100%X（10min）→100%X（10min）。

先用二甲苯除去切片上的石蜡，每步停留时间10min。切片逐渐从二甲苯过渡到不同浓度的酒精中，酒精中每步停留5min，之后用番红水溶液染色8h。然后切片进入脱水系，经各级乙醇3~5min后，将载玻片移入0.1%固绿-乙醇染色剂染色30s，之后再继续脱水和透明。

6. 封片

从二甲苯中取出染好色的片子，在材料一边滴上一滴加拿大树胶，沿着一边轻轻盖上盖玻片，要求没有气泡产生。待稍干后用玻璃板压片1~2d，贴上标签。

7. 显微测量与分析方法

在显微镜下分别进行4×10倍和10×10倍观察各切片，并进行显微数码摄影，同时用软件测量以下参数：中脉维管束大小、上下表皮厚、角质层厚、后生木质部导管大小、中脉厚及叶厚、叶缘厚壁组织厚等，用目镜测微尺进行校正后测量所需的数据，叶中脉突起度=叶中脉厚/紧邻中脉叶厚。

第五章　披碱草属植物细胞学及遗传学特性

在小麦族植物系统与进化研究中，细胞学、细胞遗传学等方法起到了非常重要的作用。物种的核型特征及其变异特点是研究披碱草属物种生物系统学的一个重要部分，同时也能为进一步的分子系统进化研究提供佐证。前人对披碱草属物种细胞学核型方面的研究主要集中在六倍体物种上，目前虽然对四倍体披碱草属物种已有分子系统进化方面的研究报道，但这对于地域分布广阔、生境复杂多样、形态变异较大的披碱草属物种来说远远不够。

第一节　披碱草属植物染色体特征

一、披碱草属植物染色体数目及核型特征

披碱草属植物主要有三个倍性水平，即 $2n = 28$、42 和 56，含有 S、H、或 Y 染色体组。狭义的披碱草属在中国有 12 种 1 变种（包括引进种加拿大披碱草），均做过染色体数目报道和核型分析（表 5-1）。

1985 年刘玉红等首次报道我国分布的老芒麦、披碱草、垂穗披碱草、毛披碱草、青紫披碱草、紫芒披碱草、圆柱披碱草、麦薲草、肥披碱草、短芒披碱草、黑紫披碱草这 11 个披碱草属物种的核型特征，这些物种主要为 1A 类型，也有 2A 或者 1B 类型，核型基本构型类似，属于较对称的核型；刘海学等（1996）对加拿大披碱草进行了核型分析，认为该物种体细胞染色体数目为 $2n = 28$，核型公式为 $2n = 20M + 8SM$；蔡联炳和冯海生（1997）报道了青藏高原 3 种披碱草属植物短芒披碱草、无芒披碱草和硕穗披碱草（*E. barystachyus* L. B. Cai）的核型，分别为 2A、2A 和 2B 类型，且短芒披碱草、无芒披碱草和肥披碱草的核型均为 $2n = 6x = 42$；卢宝荣等（1990）对采集于新疆、青海等地的小麦族植物的细胞学观察发现，在披碱草属的少数种内存在着染色体倍性的变化，老芒麦具有四倍体和六倍体这两种倍性的材料；卢红双（2007）在观察供试材料染色体时，除了具有典型的整倍体细胞外，还有一些非整倍体细胞出现，如典型老芒麦中有的根尖细胞染色体数为 21、25、27 条，而垂穗披碱草材料的染色体数目有的为 30、40、35 条不等；陈仕勇等（2008）报道了来自亚洲和北美的

含 StH 染色体组组成 10 个四倍体披碱草属物种的核型，为 1A 或者 2A 型。

表 5-1　我国披碱草属植物染色体和核型特征

种名	核型公式	类型	染色体总长度（μm）	绝对长度范围（μm）
老芒麦	2n = 4x = 28 = 24m+4sm（2SAT）	1A		3.47~6.78
披碱草	2n = 6x = 42 = 32m（4SAT）+ 10sm（2SAT）2n = 6x = 42 = 36m（2SAT）+ 6sm（4SAT）2n = 6x = 42 = 32m（2SAT）+10sm（2SAT）	1A 1A 1A	108.31	3.59~6.68 5.11~10.12
垂穗披碱草	2n = 6x = 42 = 22m+20sm（2SAT）2n = 6x = 42 = 34m+8sm（2SAT）	2B 1A	148.92	4.00~10.35 5.61~8.84
毛披碱草	2n = 6x = 42 = 38m（2SAT）+ 4sm（2SAT）2n = 6x = 42 = 30m + 12sm（6SAT）	1A 1A	158.87	5.64~10.30 5.84~11.21
青紫披碱草	2n = 6x = 42 = 32m+10sm（4SAT）2n = 6x = 42 = 36m（4SAT）+6sm	1B 1B	145.79	5.31~11.17 3.70~8.93
紫芒披碱草	2n = 6x = 42 = 28m（2SAT）+ 14sm（4SAT）2n = 6x = 42 = 22m + 12sm（2SAT）+8st（4SAT）	1A 2A	96.33	3.35~5.98 6.90~11.96
圆柱披碱草	2n = 6x = 42 = 32m（4SAT）+ 10sm（2SAT）2n = 6x = 42 = 32m+10sm（2SAT）	1A 1A	96.63	3.43~6.07 5.77~11.50
麦蕈草	2n = 6x = 42 = 28m（4SAT）+ 14sm（2SAT）2n = 6x = 42 = 30m（4SAT）+ 12sm（2SAT）	1A 1A	104.65	3.68~6.54 6.55~10.56
肥披碱草	2n = 6x = 42 = 32m（4SAT）+ 10sm（2SAT）2n = 6x = 42 = 34m（2SAT）+ 6sm（4SAT）+2st	1A 2A	95.07	3.08~5.78 6.19~11.48
短芒披碱草	2n = 6x = 42 = 30m+12sm（4SAT）	1A		6.29~10.20
黑紫披碱草	2n = 6x = 42 = 36m（6SAT）+6sm	1A		4.66~7.90
无芒披碱草	2n = 6x = 42 = 32m+10sm（4SAT）	2A	101.69	

种名	相对长度范围（%）	染色体长度比	臂长比>2:1（%）	作者
老芒麦		1.95:1	0	刘玉红，1985
披碱草	3.31~6.17	1.86:1 1.98:1	0	李永干，阎贵兴，1985，1991；刘玉红，1985；王克平，1981
垂穗披碱草	2.69~6.95	2.59:1 1.58:1	0	阎贵兴，云锦凤，等，1991；刘玉红，1985
毛披碱草	3.55~6.48	1.83:1 1.92:1	0.14	阎贵兴，云锦凤，等，1991；刘玉红，1985

（续表）

种名	相对长度范围（%）	染色体长度比	臂长比>2∶1（%）	作者
青紫披碱草	2.54~6.12	2.10∶1 2.41∶1	0	刘玉红，1985；阎贵兴，云锦凤，等，1991
紫芒披碱草	3.48~6.20	1.79∶1 1.73∶1	0	李永干，阎贵兴，1991；刘玉红，1985
圆柱披碱草	3.55~6.28	1.77∶1 1.99∶1	0	李永干，阎贵兴，1985；刘玉红，1985
麦薲草	3.51~6.25	1.78∶1 1.61∶1	0	李永干，阎贵兴，1985；刘玉红，1985
肥披碱草	3.24~6.08	1.88∶1 1.85∶1	0	李永干，阎贵兴，1985；刘玉红，1985
短芒披碱草		1.62∶1	0	刘玉红，1985
黑紫披碱草		1.70∶1	0	刘玉红，1985
无芒披碱草		1.95	0.14	蔡联炳，冯海生，1997

注：阎贵兴．中国草地饲用植物染色体研究［M］．呼和浩特：内蒙古人民出版社，2001．

2013 年，王琴对披碱草属 12 种植物核型进行了全面详细的分析（表 5-2）。12 种植物染色体数目稳定，染色体基数为 7，其中老芒麦为四倍体，2n=28，无芒披碱草为八倍体，2n=56，其余 10 种均为六倍体，2n=42。植物染色体主要由中部着丝粒（m）和近中着丝粒染色体（sm）组成。平均臂比介于 1.317~1.511。其核型类型分 2B、2A、1B、1A 4 种类型。核型进化由高到低依次为老芒麦、披碱草、青紫披碱草 2B>无芒披碱草、黑紫披碱草、肥披碱草、毛披碱草 2A>垂穗披碱草、麦薲草、圆柱披碱草、紫芒披碱草、短芒披碱草 1A。根据披碱草属 12 种植物的 8 个核型参数计算出了核型似近系数。其核型似近系数范围为 0.994~0.863。12 种植物分为两类，第一类为老芒麦，第二类为除老芒麦以外的其他 11 种植物，这一类植物又分为两个组，第一组为披碱草、青紫披碱草、黑紫披碱草、肥披碱草、无芒披碱草、毛披碱草和短芒披碱草，第二组为垂穗披碱草、麦薲草、圆柱披碱草和紫芒披碱草；核型似近系数进行的聚类分析在核型类型上能够体现披碱草属种间的亲缘关系，且与形态分类部分吻合。

表 5-2　披碱草属植物染色体计数（王琴，2013）

种	染色体出现频率（30 个细胞）			百分比（%）	染色体数目	倍性
	28 条染色体	42 条染色体	56 条染色体			
老芒麦	26	27		86.67	2n=28	2n=4x

（续表）

种	染色体出现频率（30 个细胞）			百分比（%）	染色体数目	倍性
	28 条染色体	42 条染色体	56 条染色体			
短芒披碱草			26	90	2n = 42	2n = 6x
无芒披碱草		27		86.67	2n = 56	2n = 8x
垂穗披碱草		27		90	2n = 42	2n = 6x
黑紫披碱草		26		90	2n = 42	2n = 6x
披碱草		26		86.67	2n = 42	2n = 6x
青紫披碱草		27		86.67	2n = 42	2n = 6x
肥披碱草		28		93.33	2n = 42	2n = 6x
麦薲草		28		93.33	2n = 42	2n = 6x
圆柱披碱草		27		90	2n = 42	2n = 6x
紫芒披碱草		28		93.33	2n = 42	2n = 6x
毛披碱草		26		86.67	2n = 42	2n = 6x

六倍体披碱草属物种主要不是由低倍的种间杂交而产生，主要是几个六倍体的祖先，通过染色体结构变异衍生而成。为了更深入了解不同居群的核型是否存在变异，2019 年，杨财容等对六倍体披碱草属植物染色体进一步进行了分析研究（表 5-3）。六倍体披碱草属物种的染色体主要以中部着丝粒染色体为主，有少量亚中部着丝粒染色体。各个物种间的核型参数（染色体相对长度，染色体长度比，染色体臂比，平均臂比，臂比大于 2 的比例）等均存在差异。但是从核型公式来看，E. dahuricus 复合群内的物种 E. cylindricus，E. dahuricus，E. purpuraristatus，E tangutorum 的核型一致，均为 2n = 6x = 42 = 36m+6sm，复合群内另一个物种 E. excelsus 的核型不同，为 2n = 6x = 42 = 34m+8sm，但是复合群内的物种核型类型均为 2A 型，说明亲缘关系较近的复合群内物种核型特征也具有相似性。前人研究表明，复合群内物种 E. dahuricus 染色体组组成为 StYH，可能复合群内其他物种也具有相同的染色体组组成。E. breviaristatus 和 E. sinosubmuticus 的核型存在差异，分别为 2A 和 2B，染色体相对长度、随体染色体条数等染色体参数与已有的报道不一致，分析造成上述差异的原因可能有：① 不同居群间的核型分化。六倍体披碱草属物种分布十分广泛，所选择材料的原始生境不一样，染色体核型存在明显分化，从而表现出很大差异性。② 染色体核型的研究主要基于染色体长度的测量，人工测量采用的方法以及测量的角度均不同，都将对结果造成误差。③ 随体作为染色体的一个重要特征，可能受到制片过程的影响。

表 5-3　披碱草属物种核型比较（杨财容，2017）

物种	核型公式	平均臂比	最长/最短	不对称系数（%）	臂比大于2的比率	类型
黑紫披碱草 *E. atratus*	2n = 6x = 42 = 38m（2sat）+ 4sm（2sat）	1.34	1.80	57.29	7.14	2A
短芒披碱草 *E. breviaristatus*	2n = 6x = 42 = 36m（2sat）+6sm	1.34	1.82	57.18	7.14	2A
圆柱披碱草 *E. cylindricus*	2n = 6x = 42 = 36m + 6sm	1.29	1.70	56.31	4.76	2A
披碱草 *E. dahuricus*	2n = 6x = 42 = 36m + 6sm	1.30	1.62	56.61	2.38	2A
肥披碱草 *E. excelsus*	2n = 6x = 42 = 34m + 8sm	1.36	1.63	57.67	11.9	2A
垂穗披碱草 *E. nutans*	2n = 6x = 42 = 38m（2sat）+ 4sm	1.34	1.78	57.40	7.14	2A
紫芒披碱草 *E. purpuraristatus*	2n = 6x = 42 = 36m + 6sm	1.32	1.87	56.97	7.14	2A
无芒披碱草 *E. sinosubmuticus*	2n = 6x = 42 = 38m（2sat）+ 4sm	1.31	2.03	56.66	4.76	2B
麦薲草 *E. tangutorum*	2n = 6x = 42 = 36m+6sm	1.33	1.75	57.02	7.14	2A

由上表可知，我国披碱草属染色体数目及核型总的特征为：分布于中国境内的披碱草属植物有两个倍性水平，其中老芒麦为 2n=28 的四倍体，其余 11 种披碱草（包括 1 变种）均为 2n=42 的六倍体。除了具有典型的整倍体细胞外，还有一些非整倍体细胞出现；披碱草属植物核型由 m 和 sm 染色体构成，每种有 1~3 对随体。种间差异主要表现在 m 和 sm 染色体数目、随体数目和位置；具 1A 核型的披碱草属植物，其核型由对称向不对称方向演化的趋向不明显；不同作者对披碱草属植物核型的研究结果多数相同或相似，少数种略有出入。

二、老芒麦与垂穗披碱草染色体数目特征

许多研究记载，老芒麦属于四倍体，染色体数为 28 条，仅含有 SSYY 两套染色体组，而垂穗披碱草是异源六倍体植物，染色体数为 42 条，具有 SSHHYY 的染色体组型，这在分类学上具有非常重要的意义，为这两个种分种界限的重要依据之一。但是垂穗披碱草、老芒麦分布生境多样，在长期适应和进化过程中，各居群在形态、生理生态以及遗传特征方面均产生趋同或者趋异，由于这些变异会产生形态学性状交叉，使得分类学鉴定很困难，划分不同的变异类型对这些种

质资源的鉴定与有效利用具有重要的借鉴意义和参考价值。很多研究曾报道，老芒麦和垂穗披碱草在形态学特征上存在着性状交叉，有必要将难以鉴别的种质材料进行染色体数和核型的分析，作为形态学鉴定的补充和证据，并通过核型分析为育种家利用一些特异性种质材料提供更为翔实可靠的数据。近几年研究发现不同居群披碱草属材料在核型上发生了变异。张建波等（2009）发现川西北高原野生垂穗披碱草在随体的有无、随体的位置上有差异，在各染色体中，第1对染色体的变异最大（长臂、短臂、相对全长的变异排第一，臂比的变异排第二）；卢红双（2007）发现（表5-4），典型老芒麦和典型垂穗披碱草染色体数目与前人观察结果相同，而仅仅在数量性状上表现比较突出的粗壮多花老芒麦和分支老芒麦具有与典型老芒麦相同的染色体数。高大多小穗垂穗披碱草与典型垂穗披碱草也具有相同的染色体数目。但是，密穗老芒麦为西藏老芒麦（XZS），所观察到的每个根尖细胞中染色体数目是42条，根据形态学鉴定结果和前人对老芒麦染色体数目的报道并不相符。在形态学鉴定中，西藏老芒麦形态学特征显示出与垂穗披碱草较多的性状交叉，将其定名为老芒麦主要是其内稃先端两裂和其数量性状特点更靠近老芒麦的描述，它与垂穗披碱草居群具有更为接近的亲缘关系。这说明仅仅依靠形态学特征进行比较鉴定植物材料，确定它们的亲缘关系比较困难，还需要借助其他水平上的研究结果作为验证和补充。

表5-4　9份材料的染色体数目观察结果（卢红双，2007）

鉴定种名	染色体数	变异类型
新疆老芒麦	2n＝4x＝28	典型老芒麦
新疆老芒麦	2n＝4x＝28	典型老芒麦
新疆老芒麦	2n＝4x＝28	典型老芒麦
新疆老芒麦	2n＝4x＝28	粗壮多花老芒麦
青海垂穗披碱草	2n＝6x＝42	典型垂穗披碱草
青海垂穗披碱草	2n＝6x＝42	典型垂穗披碱草
云南老芒麦	2n＝4x＝28	分支老芒麦
西藏老芒麦	2n＝6x＝42	密穗老芒麦
西藏老芒麦	2n＝4x＝28	粗壮多花老芒麦

另外，卢红双（2007）在观察供试材料染色体时，发现除了具有典型的整倍体细胞外，还有一些非整倍体细胞出现。典型老芒麦中有的根尖细胞染色体数为21、25、27条，而垂穗披碱草的染色体数目有的为30、40、35条不等（图5-1）。这些细胞学染色体数目上的变异，是植物形态学特征分化的基础。染色

体数目变化，往往会引起某些表型性状的异常，遗传变异随之出现。植物育种家就可以根据育种目标，来选择有益于人类生产和生活的目标性状，开展植物育种研究。

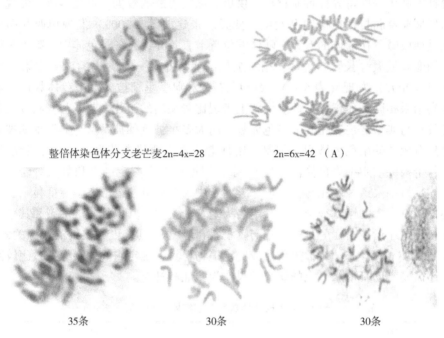

整倍体染色体分支老芒麦2n=4x=28　　　　　　2n=6x=42 （A）

35条　　　　　　　　　30条　　　　　　　　　30条

图5-1　整倍体和非整倍体细胞染色体（卢红双，2007）

植物的演化本身是一个极其复杂的过程，在长期进化及生境发生变化的过程中，由于存在不同的选择力以及在这种选择力作用下的不同基因库，不仅使物种的演化样式存在着巨大的差别，种内的不同生态群在形态上也存在不同程度的变异，单纯以形态特征来比较往往很难完全反映植物的真实亲缘关系。因此，建议对形态学性状比较相似的物种，尤其是对不同来源的野生种质进行分类学鉴定时，仍需借助细胞学水平和分子水平上的研究作为验证和补充。披碱草属物种遗传多样性丰富，是麦类作物育种重要的基因库，对其进行物种染色体组组成、种（属）间系统关系和亲缘关系的研究，对物种分类地位的确立亦十分必要。

附　披碱草属植物核型分析方法

1. 取材对核型分析的影响

披碱草属植物种子萌发以及取材的最佳条件为：25℃恒温箱中培养种子，待根尖长到 1.5cm 时，于每天 8—10 时进行取材。易萌发的种子 2d 后即可取材，如老芒麦、披碱草等，部分种子，如黑紫披碱草、垂穗披碱草、青紫披碱草、肥披碱草一般 3~4d 即可取材，而麦薲草、圆柱披碱草、紫芒披碱草和毛披碱草的种子比较容易发霉，培养时应及时换水，一般 4~5d 后才能取材，短芒披碱草和无芒披碱草的种子萌发得相对较慢，通常在一周后才可取材。

2. 预处理对核型分析的影响

披碱草属植物根尖细胞对预处理液比较敏感，使用 0.002mol/L 8-羟基喹啉染色体浓缩程度不理想时，可以用饱和对二氯苯和低温处理，能发挥分散染色体的高效性能，处理后效果较好。一般预处理时间 1~4h。

3. 固定与保存

将经过预处理的根尖用蒸馏水清洗干净，然后放入卡诺固定液（无水乙醇：冰乙酸=3：1）中室温下固定 24h，固定后的根尖先用蒸馏水彻底清洗干净，然后放入 70% 酒精中于 4℃ 冰箱中保存备用。

4. 解离对核型分析的影响

将幼根放入 1mol/L 盐酸中，在室温（18~20℃）下解离 50~70min（60℃ 恒温下解离 8min）（卢红双，2007）或在 37℃ 水浴中利用混合酶解液酶解 17min 较为适宜（王琴，2013）。

5. 软化过程

幼根在 4% 硫酸铁铵水溶液中媒染 4h，幼根在 0.5% 苏木精水溶液中染色 2h 以上，然后幼根在 45% 乙酸中软化半小时至 1h 效果较好。

6. 压片

在洁净的载玻片上切取根尖 1mm 左右，加一滴 45% 乙酸，盖上盖玻片。取两张滤纸对折，将放有根尖的载玻片放置其中，用橡皮锤轻敲盖玻片，使根尖细胞散开，用拇指挤压盖玻片，使其在载玻片上呈现雾状，而后放置在显微镜下观察。若镜检中发现染色体分散好、图像清晰的片子，冰冻分离载玻片和盖玻片，室温干燥或电吹风干燥，二甲苯透明 5min，晾干后用加拿大树胶封片，制成永久片待用或保存。

7. 镜检

将载玻片放置在载物台上，然后先在 10 倍镜下找分散较好的细胞并移入视野中央，接着换 40 倍镜下寻找清晰且处于细胞分裂中期的图像进行观察并照相。

第二节 披碱草属植物遗传多样性

一、披碱草属植物同工酶遗传多样性

同工酶是一种特异蛋白质，是基因表达的直接产物，与植物的遗传、生长发育、代谢调节及抗性等有密切关系，其差异主要反映了生物体遗传基础的差异。有关披碱草属植物同工酶的研究相对较少，进行其同工酶的深入研究，为物种的正确分类提供生化方面的依据，同时为培育优质的牧草新品种奠定基础。

1. 同工酶研究对披碱草属物种的分类归属具有重要作用

酯酶同工酶和过氧化物同工酶均可以作为杂种鉴定和亲缘关系分析的遗传标记（于卓等，1999）。朱光华等（1990）对鹅观草属与披碱草属属界划分的酯酶和过氧化物酶同工酶比较研究发现，尽管鹅观草属与披碱草属表现出具有较冰草属更近的亲缘关系，但二者之间仍存在着明显界限，因此支持将该二属分别作为独立的属对待；杨瑞武等（2000）进行同工酶研究表明，*Elymus sibiricus* 和 *Hystrix patula* 的关系很近，并且披碱草属、鹅观草属和猬草属 3 个模式种间存在酯酶同工酶变异，从而认为披碱草属模式种具有明显的遗传多样性；张春等（2006）对小麦族鹅观草属、披碱草属、猬草属和仲彬草属 19 个物种的幼叶酯酶同工酶比较分析，4 个属 19 个物种的酯酶同工酶酶谱多态性较高，遗传差异较大，其属间变异大于种间变异，仲彬草属、鹅观草属和披碱草属作为属分类等级处理是恰当的；严学兵等（2007）用同工酶研究青藏高原的垂穗披碱草的遗传多样性，结果表明居群间遗传距离随着海拔、地理位置差距的增大而增加，但海拔是影响其遗传结构的最重要因素，其次是经纬度。

2. 同工酶可作为遗传标记用于杂种鉴定和目标性状植株检测

李造哲等（2000）对加拿大披碱草和老芒麦及其杂种 F_1 同工酶分析表明，亲本加拿大披碱草和老芒麦的 POD 同工酶可明显地分成 A、B 两区，共有 8 条相同位点的酶带，为亲本的基带，在 EST 同工酶谱中双亲有 6 条基带，从酶蛋白分子水平验证出两亲本的亲缘关系相对较近；李景环等（2007）利用酯酶同工酶标记鉴定加拿大披碱草和老芒麦的杂种后代纯度，加拿大披碱草和老芒麦的 EST 同工酶谱中有 4 条相同位点的基带，基带数占加拿大披碱草和老芒麦总酶带的 57.1%，这进一步从酶蛋白分子水平验证出两亲本的亲缘关系相对较近。

披碱草和野大麦及其杂种 F_1、BC_1 两亲本具较近的亲缘关系，POD 同工酶具有丰富的多态性，可作为遗传标记用于杂种的鉴定和回交（李造哲等，2001）。

马艳红等（2004）对加拿大披碱草—野大麦三倍体杂种加倍植株同工酶分析，同一生育阶段杂种自然加倍植株与加倍 F_1 代植株在 EST、POD 和 SOD 酶带的数目、位点及强弱方面具有一致性和遗传稳定性，而与杂种 F_1 代及亲本的酶带表型差异显著，从酶蛋白分子水平证明该杂种 F_1 染色体加倍是真实的。李强等（2010）对披碱草与野大麦杂交种 BC_1F_2 代的同工酶分析，杂种 BC_1F_2 代的 POD、EST 同工酶谱表现为双亲的互补类型；杂种 BC_1F_2 代的 POD 和 EST 同工酶谱中亲本的个别酶带有丢失现象，BC_1F_2 代 POD 同工酶谱的酶带基本相同，EST 酶带特征差异较大，出现双亲互补带和杂种带；BC_1F_2 代的 POD 和 EST 同工酶谱明显地受轮回亲本野大麦的影响，说明回交使野大麦的某些性状在 BC_1F_2 代进一步加强。POD 与 EST 同工酶具多态性，可作为遗传标记用于杂种鉴定和目标性状植株的检测。

对老芒麦与紫芒披碱草及其正、反交 F_1 的过氧化物酶（POD）同工酶、酯酶（EST）同工酶做了比较分析，同一生育阶段正、反交 F_1 植株均继承了双亲的基带，表现稳定的遗传特性，同时正、反交 F_1 及亲本在酶带数目、位置方面差异显著，这从酶蛋白分子水平证明正、反交 F_1 的真实性。同工酶酶谱表征可作为正、反交杂种 F_1 与其亲本相互鉴定和识别的依据之一（李小雷等，2014）。

二、披碱草属醇溶蛋白遗传多样性

1. 物种间醇溶蛋白图谱差异能够反映一定系统关系

披碱草属 12 个物种的醇溶蛋白电泳图谱研究发现，12 个披碱草属物种之间存在着明显的遗传差异，具有丰富的遗传多样性。*E. sibiricus*、*E. caninus*、*E. breviaristatus*、*E. canadensis* 和 *E. glaucus* 的带谱相似，具有较近的亲缘关系，其中，*E. sibiricus* 和 *E. caninus* 的带谱相似程度更大，这和形态上它们无根状茎、自花传粉的共同特点相一致，二者的亲缘关系更近。但 *E. breviaristatus* 和 *E. submuticus* 的形态差异较小，仅外稃芒长或有无以及颖先端是否具小尖头而有别，在形态学上鉴定很困难，而二者的醇溶蛋白图谱存在着明显的区别，*E. breviaristatus* 的醇溶蛋白带纹多集中于 α 区和 ω 区，*E. submuticus* 的醇溶蛋白图谱表明在 β 区和 γ 区存在较多的带纹，α 区的带纹也较 *E. breviaristatus* 的多（杨瑞武等，2000）。

六倍体披碱草属物种醇溶蛋白带纹明显多于四倍体物种，并且四倍体物种所具有的带纹在六倍体物种中基本上都存在，从醇溶蛋白方面证明了刘玉红（1985）所推测的披碱草属六倍体物种的起源方式，即我国的大部分六倍体披碱草可能是由 *E. sibiricus* 等几个较原始的四倍体种或个体，按 Bowden 方式杂交形成少数六倍体杂种，然后由这些杂种或相互杂交，或通过地理和生态的影响而产生染色体结构变异，而产生新的类型、变种或种（杨财容，2017）。

2. 物种间的醇溶蛋白图谱差异能反映一定地域相关性

张建波等（2007）通过对川西北高原垂穗披碱草醇溶蛋白研究表明，引起川西北垂穗披碱草遗传分化的主要因子是海拔差异。每一个物种在空间上有一定的地理分布范围，在特殊的地理环境下可能产生新的特性和特征。川西北高原野生垂穗披碱草在进化过程中，逐渐适应川西北高原特有地理气候条件，发生了遗传上有别于其他地区材料的变化，也说明地理气候环境对垂穗披碱草遗传分化在醇溶蛋白水平上产生决定性的影响。材料可以按不同的海拔段来聚类，当然，其间出现个别材料没有依照海拔来聚类，说明川西北高原地区的野生垂穗披碱草的遗传分化除受海拔影响外，还受其他地理气候因子的影响。祁娟等（2009）对36份披碱草属基于醇溶蛋白进行聚类发现（图5-2），披碱草属种质材料没严格按地理来源或同一种材料聚类，但呈现出和地理分布之间存在一定的相关性。地理来源相同的材料能够部分集中地聚在一起，呈现出一定的地域性规律，但也有例外，在每类中出现地理分布不同的材料交叉聚在一起的现象，出现这一现象的原因可能与这几份材料的生境相似有关。马啸对采自新疆、青海、四川和西藏的33份垂穗披碱草进行醇溶蛋白分析，在 GS 值为 0.67 的水平上，可将供试材料分为 7 个类群，绝大部分来自于相同或相似生态地理环境的聚在一起，即材料之间表现出一定的地域性规律。

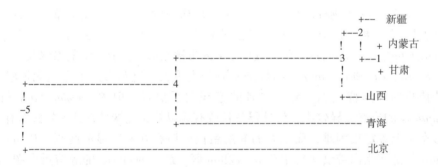

图 5-2 6 个披碱草属地理群体基于 Nei 氏遗传一致度的聚类图

披碱草属具有明显的醇溶蛋白遗传多样性，然而不同收集地的 *E. sibiricus*，材料间也存在明显醇溶蛋白遗传差异，新疆的 *E. sibiricus* 具有较丰富的醇溶蛋白带纹，而甘肃的 *E. sibiricus* 的醇溶蛋白带纹较少（杨瑞武等，2001）。马啸等（2009）用同样方法研究亚洲和北美的老芒麦，结果表明种质之间存在较高的遗传多样性，来源青藏高原的种质与其他地理来源的种质具有较大的差异。由此可见，不管是醇溶蛋白分析还是形态学特征分析，都存在着一定的局限性，不能检测到全基因组所有位点的变异，故应该进一步进行 DNA 水平上的分子标记和细胞学水平上的分析研究，并将醇溶蛋白图谱分析结果和形态学性状进行比较，使得研究更具系统性和完整性。因此从这一角度出发，可以把醇溶蛋白电泳技术作为品种生态区域划分的一种辅助手段。

三、披碱草属植物分子水平遗传多样性

1. 国外关于披碱草属植物分子水平研究

国外对披碱草属植物遗传多样性的研究广泛而深入，特别是用分子标记技术研究多态性方面做了大量工作。披碱草属植物多样性分析中应用较多的分子标记技术有 RAPD、SSR 和 ISSR。Sergei svitashev 等（1998）利用 RFLP、RAPD 分子标记手段对披碱草属 8 个种进行研究，发现过去归属于披碱草属的植物并不是该属，而是小麦族的其他属，仅有 3 个种真正属于披碱草属。同年，Diaz 等利用等位酶、RAPD 和微卫星标记法对起源于不同国家的披碱草属进行研究，认为种群内多态性较低。Sun 等（1998）从 *E. caninus* 基因文库中开发出 8 对 SSR 引物，并对 15 个不同来源的 *E. caninus* 群体进行 PCR 扩增，结果 6 对引物在群体间表现多态性，另外 7 对引物在 *E. alaskanus* 和 *E. mutablis*、4 对引物在 *E. cancasicus* 中也都成功扩增，从而为该属多样性分析提供了专用引物。Sun 等同时对 3 个 *E. caninus* 群体分别进行了同工酶、RAPD、SSR 的多样性分析，结果表明，尽管不同方法显示出不同程度的多样性指数，但所有分析都在 *E. caninus* 中存在较高水平多样性。Gen-Lou Sun 等（1999）对 *E. alaskanus* 进行了基因筛选，证实了微卫星的存在并合成微卫星引物序列对 *E. alaskanus* 和另外 10 种披碱草属牧草进行多态性检测，供试材料存在丰富的多态性。次年，他们又利用同工酶、RAPD、微卫星 3 种分子标记手段来研究犬草 *Roegneria canina* 的遗传多样性，3 种标记的研究结果是一致的。1999 年，Diaz 等对 *E. alaskanus* 进行了等位酶分析，同年 Sun 等通过等位酶、RAPD 和微卫星标记法对斯堪的那维亚的本地种 *E. caninus* 进行了遗传多样性研究，并对该种天然居群的遗传结构和等位酶进行分析认为，披碱草属植物的繁殖策略和交配方式影响植物的遗传多样性和种群内部之间的遗传关系。同时，Sun 等又对挪威的 *E. alaskanus* 种群进行了 RAPD、微卫星多态性标记，研究表明，供试材料存在丰富的多态性，认为微卫星是研究披碱草属中种内及其种间遗传多样性很有价值的分子标记方法。2002 年，Sun 等对 19 个披碱草属四倍体种的 27 个群体进行了小麦 SSR 引物和 RAPD 引物的遗传多样性分析，结果在种间和种内均检测到多样性，并将含 SH 和 SY 不同染色体组的种分为两组，与传统披碱草属植物为非单一进化系统观点相符。Mac Ritchie

等（2004）通过微卫星技术，研究了披碱草种群生物学多样性及种间进化，表明披碱草属植物具有丰富的遗传多样性。

2. 国内关于披碱草属植物分子水平研究

周永红等（1999）通过对 10 种披碱草属植物的 RAPD 分析表明，基因组（或组合）存在着较大差异；2001 年杨瑞武等利用 RAPD 技术对小麦族披碱草属、鹅观草属和猬草属 3 个属的模式种进行了基因组 DNA 多态性分析，说明披碱草属、鹅观草属和猬草属 3 个属的模式种间具有丰富的遗传多样性；王树彦等（2004）采用 RAPD 技术，筛选了 16 个随机引物对加拿大披碱草、老芒麦及其杂种 F_1 代进行遗传多态性检测，这两个种及其 F_1 具有较高的遗传变异性；2005 年，李永祥等以包含四倍体、六倍体两种倍性水平的披碱草属 12 个物种为材料，对 ISSR 和 SSR 标记在披碱草属植物研究的可应用性进行了探讨，其结果筛选出的 18 个 ISSR 引物和 14 对 SSR 引物的多态性位点百分率分别为 84% 和 91%，均表现出较高的多态性，所用两种标记的种间聚类状况与物种的倍性水平和形态学相似程度存在较高的一致性，两种标记均可有效应用于该属植物物种的遗传多样性分析；张颖等（2005）为探讨披碱草属、鹅观草属、猬草属和仲彬草属物种的属间关系进行了随机扩增微卫星多态性（RAMP）分析，31 个引物组合产生的 324 条 DNA 扩增带均具有多态性，表明各属物种间存在明显的遗传差异；严学兵（2005）对披碱草属 9 种植物 11 个多态微卫星位点研究发现 1~8 个等位基因，大多数基因多样性存在于种内；孙建萍等（2006）利用微卫星（SSR）分子标记对我国 16 份披碱草进行遗传多样性研究，结果表明披碱草的遗传多样性丰富，披碱草 77.3% 的遗传变异出现在居群内；陈云等（2014）对 20 份老芒麦的 SSR-PCR 分析，不同地域居群间的遗传距离介于 0.16~0.895，差异比较大，说明其遗传分化程度较高。

高原地区垂穗披碱草呈现丰富的遗传变异性，对该地区垂穗披碱草遗传多样性研究一向受到高原生态学家和牧草育种者的重视。张妙青（2011）对高寒区垂穗披碱草 50 个居群遗传结构进行分析，该地区垂穗披碱草的遗传多样性主要集中在居群内部（63.8%），居群间的遗传变异较小（36.2%）。可见，垂穗披碱草不是严格的自花授粉植物。垂穗披碱草和达乌力披碱草自交结实率很高，为典型的自花授粉植物。然而，青藏高原地区同域分布垂穗披碱草和达乌力披碱草居群内遗传变异显著高于居群间遗传变异。因此，认为垂穗披碱草与同域分布的近缘物种间存在的种间杂交基因渗透有可能对于该群体的遗传分化起着重要的作用（路兴旺等，2019）。

放牧对草地植物种群遗传与进化会产生重要影响。不放牧垂穗披碱草种群遗传多样性最高，中等放牧强度的遗传多样性指数较高，其次为重牧，最后为轻度放牧。在不同放牧干扰下 4 个垂穗披碱草种群的遗传分化系数为 0.5168，基因流 Nm =0.2337，说明 4 个种群的遗传变异主要发生在种群之间。从种质资源保护角度来讲，不放牧对于垂穗披碱草种质资源的保护是有利的，从草地利用角度，中等放牧强度比较合理（陈钊等，2015）。

3. 披碱草属植物种质遗传参数分析

（1）披碱草属植物遗传相似性

祁娟等（2009）对来自内蒙古、新疆、河北、青海、甘肃、山西的 36 份材料进行了遗传多样性分析（表 5-5），根据 14 个引物扩增产生的 ISSR（0，1）数据阵，计算得到种质材料间的遗传相似系数（GS），各种质材料间遗传相似系数的变异范围 0.5120~0.9152，说明在不同材料之间存在较丰富的遗传变异；其次，不同地区之间的遗传距离不同，遗传距离从高到低的排列顺序依次为内蒙古 > 新疆 > 河北 > 青海 > 甘肃 > 山西。从各参数的统计分析可以看出，内蒙古群体各遗传多样性参数值最高，建议优先建立原地保护区。

表 5-5 供试材料各地理群体的遗传多样性指数

项目	Shannon 多样性指数 I	Nei's 基因多样性 h	遗传距离 GD
新疆	0.597	0.399	0.426
青海	0.387	0.242	0.399
甘肃	0.374	0.219	0.384
内蒙古	0.405	0.307	0.473
山西	0.296	0.200	0.356
河北	0.262	0.172	0.412
平均	0.320	0.274	
居群内	0.243	0.024	39.57%
居群间	0.371	0.298	60.494%

（2）披碱草属植物地理群体间的遗传一致度和遗传距离

卢宝荣等（2004）通过对披碱草属植物基因组分化的研究，表明披碱草属基因组间存在分化，且表现为地理距离越远，分化程度越高。为了进一步分析各居群间的遗传分化程度，祁娟等对上述 36 份材料计算 Nei 的遗传一致度 I_N 和遗传距离 D（表 5-6），群体的遗传一致度为 0.5152~0.9864，遗传距离为 0.0136~0.4848，可见材料之间遗传差异很大。由表 5-6 和图 5-3 可以看出，新疆群体和内蒙古群体遗传一致度最大，遗传距离最近；山西群体与以上两个群体较近，河北和甘肃群体与上述 3 个群体遗传关系较远，而青海群体与上述 5 个群体遗传关系最远。

表5-6　各群体 Nei 遗传一致度和遗传距离的无偏估计

群体 Pop D	群体 Pop I_N					
	新疆	山西	内蒙古	甘肃	河北	青海
新疆	****	0.963	0.986	0.921	0.962	0.863
山西	0.038	****	0.948	0.890	0.921	0.856
内蒙古	0.014	0.053	****	0.934	0.946	0.820
甘肃	0.082	0.116	0.067	****	0.891	0.708
河北	0.039	0.082	0.055	0.115	****	0.845
青海	0.148	0.156	0.198	0.345	0.169	****

对角线上方为 Nei 氏遗传一致度，对角线下方为 Nei 氏遗传距离。

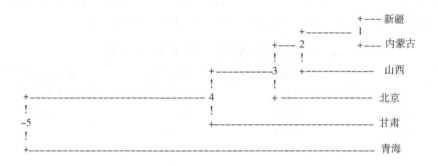

图 5-3　利用 UPGMA 聚类法根据 Nei 氏遗传距离对 6 个群体聚类分析

（3）遗传多样性指数与生态因子之间相关性

来源于不同地理类群的披碱草属植物，其遗传多样性指数与其不同生境的经度和降水量之间的相关性达到显著或极显著（表5-7），故认为披碱草属种质之间出现的遗传分化主要由于生境异质即自然选择引起的。严学兵指出居群间遗传距离与地理因素关系密切，地理位置（经度和纬度）是影响垂穗披碱草居群微卫星遗传差异的最重要因素，并且指出单一地理位置因素（纬度或经度）与遗传距离的相关性并不明显。

表5-7　披碱草属植物 ISSR 标记遗传参数与生态因子相关性

多样性指数	经度	纬度	海拔	降水量	年均温度
相关系数	−0.667*	0.451*	0.399	0.843**	0.144

四、披碱草属植物遗传多样性研究中存在的问题

披碱草属遗传多样性研究由原来仅限于植物学特征、生物学特性鉴定发展到分子水平，由相对性状变异的一般性描述发展到对群体遗传结构分析。但是我国系统的披碱草属遗传多样性研究相对匮乏和不足，对该属植物 DNA 分子水平上的研究尚处于初始阶段，而且对其无论在细胞学上的研究还是 DNA 分子标记主要集中于披碱草属与鹅观草属、猬草属等分属界线、系统地位、属内等级划分及亲缘关系的界定上。对披碱草属遗传多样性及其与生态环境的关系、种群生物学多样性、抗逆性筛选的广度和深度还远远不够，特别是抗逆性和遗传及其生理生化机理机制研究还有待于深入开展。关于 RFLP、AFLP、SSR 以及 ISSR 分子标记，虽然从许多领域已做了大量基础理论和应用研究，但应用于披碱草属种质资源的研究报道极少。因此，通过借鉴国外的经验，拓展分子标记等新型标记技术在披碱草属遗传多样性中的应用空间和应用深度，深化披碱草属育种的理论基础研究，优化其育种程序与过程，是值得育种工作者重点考虑的问题。

近年来由于生态环境的恶化，一些披碱草属物种已面临灭绝的危险，故对其制定合理而有效的策略和保护措施显得尤为重要。应当通过原地保种或异地保护等手段保护披碱草属植物及其生境，使其丰富的物种、遗传和生态多样性不致丧失。另外，对披碱草属物种的起源、演化及其归属和小麦族中的分类系统的进一步研究，仍然是亟待解决的科学问题。应该结合形态学、细胞学和分子生物学等手段从多角度多水平进行系统的研究，这样才能得出更准确稳定而趋于自然的分类系统。

对披碱草属植物遗传多样性进行研究，是其基因库开发利用与保护的关键所在。披碱草属植物作为麦类作物品质改良的理想种质资源，将其优良基因通过生物技术导入麦类作物的遗传背景是利用该属植物育种的一个热点，而且又因为披碱草属原产于澳洲的 *Elymus scabsus* 是至今发现的小麦族中唯一的无融合生殖类型，通过远缘杂交等手段将该基因型转入麦类作物，是麦类作物改良育种的另一热门问题。然而，由于研究起步晚，迄今关于披碱草属植物转录组和分子标记方面的信息仍十分有限，这严重地限制了该属种质资源和遗传育种等方面的研究。加强披碱草属植物分子标记方面的研究，可以进一步推动披碱草属植物遗传多样性与分子标记辅助育种的研究，为其更深层次的分子生物学研究奠定一定的基础。由于披碱草属植物特有的遗传特性以及生态环境的恶化造成种质资源均受到不同程度的破坏，故对其进行保护是非常必要的。由相关资料可知，披碱草属植物在诸多环境因子中受海拔和经度的影响最大。因此，可以根据其海拔和经度来建立保护区，进行原生境保护，并且应尽可能多的保护不同种群，重点保护遗传多样性高的居群。

第六章 披碱草属植物衰老特征

披碱草属人工草地最大的缺点是可利用年限短。人工建植的草地在4~5年后就开始衰退，第7~8年严重退化，这是导致其不能长期大面积推广种植的主要瓶颈问题。本研究团队基于披碱草属人工草地面临的亟需解决的以上科学问题，以披碱草属模式种老芒麦为研究对象，通过对不同种植年限老芒麦种群稳定性特征、解剖结构衰老特征、端粒系统变化特征等进行系统研究，揭示影响其衰退的关键因素，为进一步延缓老芒麦种群衰退提供理论依据。

第一节 不同株龄老芒麦种群稳定性

一、不同株龄老芒麦形态特征

1. 不同株龄老芒麦叶面积

开花期3、4和5株龄老芒麦叶面积均达到最大值，其中4龄老芒麦最大，为13.54cm²，较3龄和5龄分别增加45.12%和81.26%，且各株龄间差异显著（表6-1）。

2. 不同株龄老芒麦生殖枝数与营养枝数比较

随生长年限的延长，老芒麦地上部生殖枝数、营养枝数、生殖枝比例和总分蘖数呈现降低趋势。单位面积生殖枝数由高到低依次为3龄>4龄>5龄，4龄和5龄分别较3龄显著降低38.24%和69.17%。单位面积营养枝数4龄和5龄较3龄分别显著降低23.14%和41.23%。单位面积总分蘖数由高到低依次为3龄>4龄>5龄。

表6-1 不同株龄老芒麦叶面积和分蘖特性

龄级	开花期叶面积（cm²）	单位面积生殖枝数（m²）	单位面积营养枝数（m²）	单位面积总分蘖（m²）
3龄	9.33±3.42bA	633.70±14.08a	1 273.70±16.38a	1 907.40±45.08a
4龄	13.54±4.48aA	391.40±12.19b	979.00±16.27b	1 370.40±33.75b
5龄	7.47±1.61cA	195.40±10.50c	748.60±15.30c	944.00±32.10c

3. 各株龄老芒麦根系生物量

3 龄老芒麦具有丰富的根系，且随着土层加深，生物量逐渐减少，4 龄老芒麦生物量相对稳定（表 6-2），3~4 龄是老芒麦生长最旺盛时期。随着生育年限延长，根系总生物量逐渐降低。

表 6-2　各株龄老芒麦根系生物量垂直分布多重比较

龄级	各土层深度生物量（g）			根系总生物量
	0~10cm	10~20cm	20~30cm	
3 龄	77.60±14.57aA	39.20±6.30aB	21.60±7.60aC	138.40±20.47a
4 龄	61.40±10.72bA	28.30±8.97bB	13.40±2.91bC	103.10±12.93b
5 龄	32.70±8.38cA	19.30±5.25cB	8.40±2.37cC	60.40±7.56c

二、不同株龄老芒麦草产量及种子产量稳定性

1. 不同株龄老芒麦草产量稳定性

鲜草和干草产量随老芒麦生长年限的增加，呈现降低趋势，且各株龄间差异显著。4 龄和 5 龄较 3 龄鲜草平均产量显著降低 34.22% 和 52.45%，4 龄和 5 龄较 3 龄干草产量显著降低 22.76% 和 36.69%。鲜草和干草产量稳定性均由高到低为 3 龄 >4 龄 >5 龄，说明随生长年限增加，老芒麦鲜草和干草产量在稳定性和生产力方面均出现下降趋势（表 6-3）。

表 6-3　各株龄老芒麦产量稳定性分析

龄级	鲜/干草平均产量（kg/hm²）	显著性 ST（5%）	标准差 SD	变异系数法		
				变异系数 CV（%）	a_i	位次
3 龄	15 632.70	a	162.80	1.04	0.03	1
	7 550.6	a	163.28	2.16	0.07	1
4 龄	10 283.70	b	171.03	1.66	0.05	2
	5 823.1	b	155.17	3.22	0.11	2
5 龄	7 434.10	c	133.18	1.79	0.06	3
	4 780.6	c	162.88	4.20	0.143	3

2. 不同株龄老芒麦种子产量稳定性

种子产量随老芒麦生长年限增加，呈降低趋势，其中 3 龄老芒麦种子产量最

高，为 809.20kg/hm²，4 龄和 5 龄较 3 龄干草产量显著降低 12.74% 和 34.17%；种子产量变异系数和变异系数特征值（a_i）均随老芒麦生长年限的增加，呈增加趋势，依据 a_i 由低到高依次为：3 龄<4 龄<5 龄。不同生长年限老芒麦种子产量稳定性，随生长年限增加稳定性逐年减弱，说明株龄对种子产量及其稳定性有显著影响（表 6-4）。

表 6-4　不同株龄老芒麦种子产量稳定性分析

龄级	种子平均产量 (kg/hm²)	显著性 ST (5%)	标准差	变异系数法		
				变异系数 CV（%）	a_i	位次
3 龄	809.20	a	24.46	3.02	0.17	1
4 龄	706.10	b	40.54	5.74	0.32	2
5 龄	532.70	c	38.69	7.26	0.41	3

3. 不同生长年限老芒麦种子产量与产量性状间通径分析

老芒麦种子产量随生长年限的增加而呈下降趋势（表 6-5）。在 5 个性状中，穗长对老芒麦种子产量增加直接效应最大，其次为每生殖枝小穗数、千粒重和每小穗小花数，且上述性状对种子产量的影响为正效应，而穗宽对种子产量的直接作用为负效应。穗长和每生殖枝小穗数对种子产量的直接效应和间接效应均较高，可见，穗长和每生殖枝小穗数是种子产量提升的关键性状。

表 6-5　不同株龄老芒麦种子产量与产量性状间通径分析

因子	相关系数	直接作用	间接作用					
			穗长 (cm)	穗宽 (cm)	每小穗小花数（个）	每生殖枝小穗数（个）	千粒重 (g)	总和
穗长	0.7	0.681		-0.490	0.143	0.241	0.126	0.019
穗宽	0.61	-0.551	0.606		0.186	0.221	0.148	1.161
小花数	0.68	0.286	0.340	-0.358		0.279	0.132	0.394
小穗数	0.85	0.388	0.422	-0.314	0.206		0.148	0.462
千粒重	0.63	0.314	0.272	-0.259	0.120	0.182		0.316

三、不同株龄老芒麦营养成分和饲用价值特征

1. 各物候期不同生长年限老芒麦营养成分分析

不同生长年限老芒麦随物候期的推进粗蛋白（CP）含量呈降低趋势，同

一物候期老芒麦 CP 含量随生长年限的增加而呈逐年下降趋势，且同一物候期不同生长年限老芒麦 CP 含量差异显著，同一生长年限不同物候期间差异亦显著；随物候期推进粗灰分（Ash）含量呈增加趋势，同一物候期老芒麦 Ash 含量随生长年限的增加而呈逐年递增趋势；不同生长年限老芒麦随物候期的推进粗脂肪（EE）含量呈递减趋势；不同生长年限老芒麦随物候期的推进酸性洗涤纤维（ADF）含量呈递增趋势，同一物候期老芒麦 ADF 含量随生长年限的增加而呈逐年递增趋势，各株龄 ADF 均在蜡熟期达到最大；不同生长年限老芒麦随物候期的推进中性洗涤纤维（NDF）含量呈递增趋势，同一物候期老芒麦 NDF 含量随生长年限的增加而呈逐年递增趋势。在 3 龄、4 龄和 5 龄间老芒麦 NDF 均在蜡熟期达到最高，且显著高于 3 龄（表6-6）。

表6-6　各物候期不同生长年限老芒麦牧草营养成分多重比较

指标	物候期	老芒麦株龄		
		3 龄	4 龄	5 龄
粗蛋白 CP（%）	初花期	8.69	7.54	6.28
	盛花期	7.03	6.20	5.42
	蜡熟期	4.00	3.01	2.04
粗灰分 Ash（%）	初花期	3.43	3.74	4.14
	盛花期	4.03	4.13	4.33
	蜡熟期	4.34	4.50	4.56
粗脂肪 EE（%）	初花期	5.92	6.40	6.64
	盛花期	5.43	5.04	5.24
	蜡熟期	3.68	4.64	4.54
酸性洗涤纤维 ADF（%）	初花期	25.34	28.17	30.46
	盛花期	25.95	28.38	31.26
	蜡熟期	33.43	34.87	35.02
中洗性洗涤纤维 NDF（%）	初花期	39.17	43.63	45.98
	盛花期	43.18	47.56	49.34
	蜡熟期	50.17	56.83	59.69

2. 各物候期不同生长年限老芒麦牧草饲用价值分析

初花期时，3 龄和 4 龄老芒麦总可消化养分（TDN）显著高于 5 龄老芒麦。不同生长年限老芒麦随物候期的推进干物质采食量（DMI）含量和相对饲喂价值（RFV）含量呈降低趋势。初花期和盛花期，3 龄生长年限老芒麦的饲用价值最大，分别达163.18和143.95，且均显著高于4龄和5龄老芒麦，且株龄间差异显著。总体上各株龄老芒麦随物候期的推进粗饲料相对质量（RFQ）含量呈降低趋势，同一物候期老芒麦RFQ含量随生长年限的增加而呈逐年下降趋势（表6-7）。

表6-7　各物候期不同生长年限老芒麦牧草饲用价值比较

指标	物候期	老芒麦株龄		
		3龄	4龄	5龄
总可消化养分TDN（%）	初花期	62.88aA	61.21aA	59.49b
	盛花期	62.01A	59.00A	57.78
	蜡熟期	57.26B	56.18B	56.06
干物质采食率DDM（%）	初花期	68.69aA	66.96abA	65.17b
	盛花期	67.79A	64.67A	63.40
	蜡熟期	62.86B	61.74B	61.62
干物质采食量DMI（%）	初花期	3.07aA	2.75bA	2.61bA
	盛花期	2.74aAB	2.52bA	2.43bA
	蜡熟期	2.42B	2.14B	2.03B
粗饲料相对饲喂价值RFV（%）	初花期	163.18aA	142.86bA	132.14cA
	盛花期	143.95aA	126.51bB	119.62bA
	蜡熟期	118.00B	102.15C	96.75B
粗饲料相对质量RFQ	初花期	156.67aA	136.98bA	126.50cA
	盛花期	138.12aB	121.05bB	114.34bA
	蜡熟期	125.49C	97.48C	92.32B

3. 各物候期不同生长年限老芒麦营养成分和饲用价值的综合评价

3龄老芒麦初花期表现最优，其次是3龄老芒麦盛花期、4龄老芒麦初花期和5龄老芒麦初花期，3、4和5株龄老芒麦蜡熟期综合营养成分和饲用价值较低。其综合营养成分和饲用价值由高到低依次为3龄初花期>3龄盛花期>4龄初花期>5龄初花期>4龄盛花期>5龄盛花期>3龄蜡熟期>4龄蜡熟期>5龄蜡熟期（表6-8）。

表6-8 各物候期不同生长年限老芒麦营养成分和饲用价值的关联度及排名

物候期	株龄	灰色关联度系数										得分	排名
		CP	ASH	EE	ADF	NDF	TDN	DDM	DMI	RFV	RFQ		
初花期	3龄	1.000	0.607	0.779	1.000	1.000	1.000	1.000	1.000	1.000	1.000	0.939	1
	4龄	0.742	0.679	0.913	0.792	0.789	0.935	0.938	0.789	0.754	0.753	0.809	3
	5龄	0.580	0.807	1.000	0.695	0.721	0.876	0.882	0.713	0.660	0.658	0.759	4
盛花期	3龄	0.667	0.765	0.676	0.943	1.000	0.965	0.967	0.783	0.764	0.764	0.829	2
	4龄	0.572	0.801	0.612	0.792	0.684	0.861	0.867	0.684	0.630	0.627	0.713	5
	5龄	0.504	0.883	0.644	0.695	0.650	0.825	0.833	0.650	0.589	0.586	0.686	6
蜡熟期	3龄	0.415	0.888	0.462	0.613	0.783	0.811	0.818	0.646	0.580	0.577	0.659	7
	4龄	0.369	0.964	0.559	0.583	0.552	0.782	0.791	0.558	0.506	0.503	0.617	8
	5龄	0.333	1.000	0.547	0.580	0.527	0.779	0.788	0.530	0.484	0.482	0.605	9

第二节　不同生长年限老芒麦解剖结构衰老特征

一、不同生长年限老芒麦根、茎、叶横切面结构衰老特征

1. 不同株龄老芒麦叶片横切面解剖结构

3 龄老芒麦叶片的中脉维管束宽、中脉突起度、下表皮厚和叶厚均值均高于相应 3 龄—4 龄—5 龄总体均值，且变异系数较总体变异系数分别低39.78%、48.76%、20.92%和77.63%，说明叶片在中脉维管束宽、中脉突起度、下表皮厚和叶厚这些性状的变异中对老芒麦第 3 株龄的响应均为优势稳定性变异，良好且稳定的中脉突起度变异有利于叶脉与叶片之间的物质和营养的运输，增加了叶片抗寒性，为 3 龄老芒麦比 4 龄或 5 龄老芒麦在高寒草地生境中拥有更强的适应性提供了优良且稳定的叶片结构基础，有利于 3 龄老芒麦个体植株的生长，亦加强了其种群结构的稳定性，即增强了 3 龄老芒麦在高寒区退化生境中的适应性，也保障了其在高寒牧区作为优良饲草的高产性；稳定优良的下表皮厚和叶厚变异也有利增强叶片贮藏水分的能力，有利于 3 龄老芒麦更好的适应干旱逆境。

4 龄老芒麦的后生木质部导管高和导管宽性状的均值均高于 3 龄—4 龄—5 龄总体均值，且变异系数较总体变异系数分别低27.45%和17.87%。说明 4 龄老芒麦叶片的优良稳定变异性状为后生木质部导管高和宽，这有利于叶脉将水和无机盐更加高效地运输到叶片，有利于植物叶片的生长，提高叶片光合作用进而实现植物地上生物量的增加，为 4 龄老芒麦在高寒生境持续生长提供了有利变异，是植物应对生境变化的具体策略表现（图 6-1）。

2. 不同株龄老芒麦茎横切面的解剖结构特征

茎中大、小维管束的数量、总面积、机械组织和薄壁组织厚度均表现为 3 龄和 4 龄无显著差异，但显著高于 5 龄老芒麦，说明 3 龄和 4 龄老芒麦在茎的输导功能的基础结构较 5 龄在总数量和总面积方面更显优势，其相应的输导功能 3 龄和 4 龄较 5 龄更具有优势。髓腔内的薄壁细胞不仅具有贮水作用，而且可作为通气组织。中柱内的髓作为植物重要的贮水组织，在茎内所占的比例越高，表明植物的抗旱性更强。髓腔横切面积均表现为 4 龄和 5 龄无显著差异，但显著低于 3 龄。说明 3 龄老芒麦的茎较 4 龄和 5 龄贮水性更佳，抗旱性更强，在逆境下更有更强的生活能力（图 6-2）。

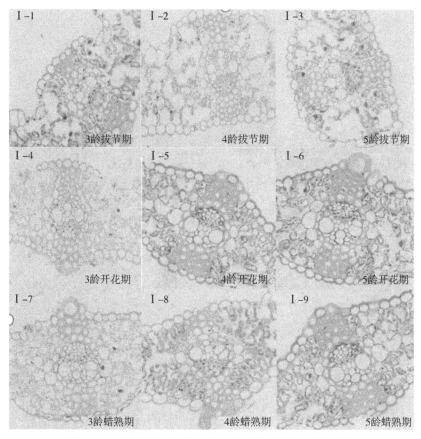

图6-1 不同株龄老芒麦不同生育时期叶横切面结构特征

3. 不同株龄老芒麦根横切面结构

5龄老芒麦后生木质部导管总面积较小，运输水分和无机盐等液体的潜在能力较差。根表皮在不利生长环境和随着植物生育期的进程会出现逐渐死亡脱落现象，在解剖结构上表现为根缺少表皮，且皮层细胞排列紊乱，出现萎缩甚至脱落。开花期4龄和5龄老芒麦根横切面面积显著高于3龄，蜡熟期5龄显著高于3龄和4龄。中柱面积与根横切面面积比率为5龄较3龄或4龄更小；不同生长年限老芒麦根后生木质部导管总面积与中柱面积比率在不同物候期变换规律存在差异，从大到小为4龄>3龄>5龄。这说明在拔节期、开花期和蜡熟期5龄老芒麦根的有效输水组织均处于劣势，较3龄和4龄差（图6-3）。

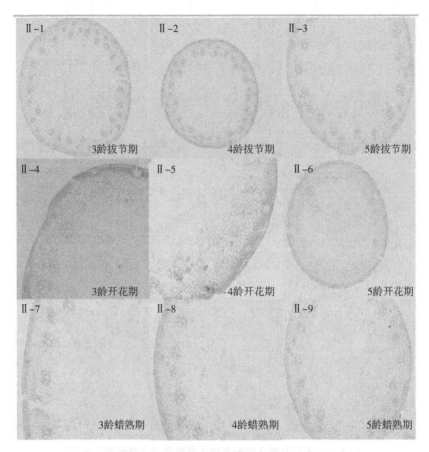

图6-2　不同株龄老芒麦茎的横切面解剖结构微形态

二、不同生长年限老芒麦旗叶超微结构特征

1. 拔节期叶片超微结构

3龄、4龄和5龄老芒麦叶肉细胞内叶绿体数目较多，形状规则，多呈梭形紧贴细胞壁分布，随生长年限的增加，电镜下叶绿体着色逐渐变浅；淀粉颗粒呈白色的椭圆形，随生长年限增加，其数量逐渐增多（a-1、d-1、g-1）。叶绿体膜清晰，大而饱满，基粒着色随生长年限的增加而加深，叶绿体基粒片层垛叠程度较高，其中4龄老芒麦基粒片层数目明显优于3龄和5龄，基质片层清晰分层且紧密平行排列；嗜锇颗粒数量较少分而分散，其数量从大到小为5龄>4龄>3龄，随生长年限的增加嗜锇颗粒数量呈增加趋势（b-1、e-1、h-1）。细胞核双层膜结构清晰完整，内部染色质分布其中，但随生长年限的增加染色质开始聚集

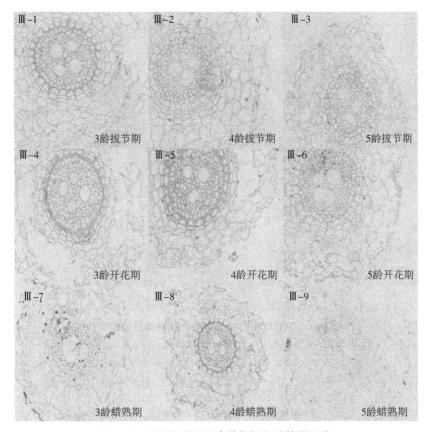

图 6-3　不同株龄老芒麦的根解剖结构微形态

且颜色加深（c-1、f-1、i-1）（图 6-4）。

2. 开花期叶片超微结构

老芒麦叶肉细胞内叶绿体发生明显变化，其中 3 龄老芒麦叶绿体呈规则的椭圆形，其体积明显大于 4 龄或 5 龄老芒麦，淀粉颗粒呈白色椭圆形，随生长年限的增加，其体积亦发生膨大。线粒体呈不规则形状，开始发生形变，其膜结构不清晰并发生初步解体（a-2、d-2、g-2、b-2、e-2、h-2）。叶绿体基粒片层呈松弛状态，且随生长年限的增加，其排列的紊乱程度亦随之增大，其中 5 龄老芒麦叶绿体内基质片层扭曲，部分片层结构消失，从而部分基粒开始模糊；嗜锇颗粒数量进一步增多，随生长年限增加呈增多趋势（c-2、f-2、i-2）（图 6-5）。

3. 蜡熟期不同生长年限老芒麦叶片超微结构

老芒麦叶肉细胞内叶绿体呈现退化趋势，其形状呈不规则椭球形，零散分布

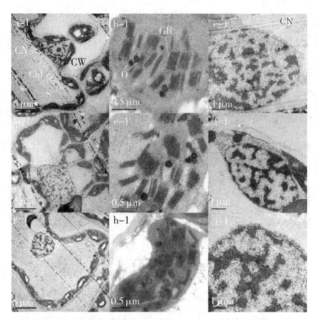

图6-4　拔节期不同生长年限老芒麦叶片超微结构

[a、b、c均为3年生老芒麦叶肉细胞；d、e、f均为4年
生老芒麦叶肉细胞；g、h、i均为5年生老芒麦叶肉细胞；-1
代表拔节期；a-1、d-1、g-1（×6 000）；b-1、e-1、h-1（×
40 000）；c-1、f-1、i-1（×20 000）；CW：细胞壁；Chl：叶
绿体；CN：细胞核；S：淀粉粒；M：线粒体；O：嗜锇颗粒；
GR：基粒片层。以下同]

于细胞壁周围，随生长年限的增加，叶绿体的体积进一步缩小，其数量亦发生骤
减（a-3、d-3、g-3）。3龄老芒麦线粒体膜结构已经降解，其内部基质发生外
流，但叶绿体膜结构清晰且完整（b-3），4龄老芒麦众多线粒体膜结构消失，
大量基质外流，同时叶绿体膜亦开始模糊出现初步分解的现象（e-3），5龄老
芒麦叶绿体膜结构开始降解，部分基质初步开始外流（h-3）。嗜锇颗粒在4龄
和5龄老芒麦叶绿体数量激增且着色加深，其中4龄老芒麦嗜锇颗粒数量和着色
上较3龄或5龄更明显（b-3、e-3、h-3）。3龄老芒麦细胞核膜双层结构开始
模糊，有降解趋势，内部染色质着色较浅，分布较均匀（c-3）；4龄老芒麦细
胞核内染色质着色变深，且开始凝缩，部分核膜初步解体，染色质有外流趋势
（f-3）；5龄老芒麦细胞核双层膜结构已经明显解体，其内部染色质着色越来越
深，且凝缩成团现象更加明显（图6-6）。

　　总体来看，开花期时，株龄对叶绿体内基粒片层的垛叠和排列影响较为明

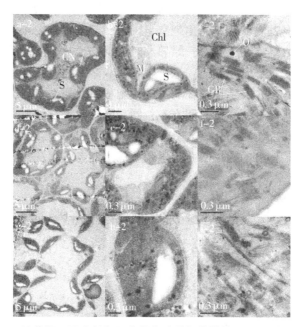

图 6-5　开花期不同生长年限老芒麦叶片超微结构（-2 代表开花期）

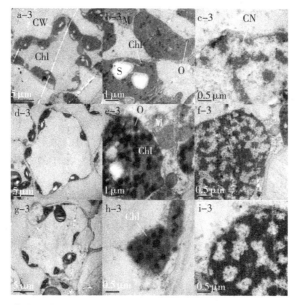

图 6-6　各物候期不同生长年限老芒麦叶片超微结构（-3 代表蜡熟期）

显，随生长年限增加基粒片呈逐渐松弛状态且排列扭曲，甚至部分片层结构消失。开花期时，老芒麦叶片开始出现衰老现象，其标志是线粒体膜的解体，且随生长年限的增加衰老启动得越早；蜡熟期时，老芒麦叶绿体开始发生解体，随生长年限增加其解体程度越发剧烈；老芒麦叶片衰老伴随着明显的细胞程序性死亡的典型现象，老芒麦在蜡熟期存在明显的细胞程序性死亡典型现象，且在不同株龄间出现其细胞程序性死亡的时间亦不相同，同时随生长年限增加，老芒麦旗叶细胞程序性死亡亦变得越早。解剖结构和超微结构与其生长年限之间有密切关系，从叶片超微结构方面为揭示多年生牧草株龄衰老机制及其对其光合适应性提供基础依据。

第三节　老芒麦体细胞染色体端粒酶活性及端粒长度变化特征

一、老芒麦体细胞染色体端粒酶活性

1. 不同株龄老芒麦不同部位叶片细胞染色体端粒酶活性比较

5龄老芒麦不同叶位叶片端粒酶活性随着生育期的推移都呈现出先变大再变小最后基本保持不变的趋势。倒3叶在拔节期端粒酶活性最小，为55.57IU/L，抽穗期端粒酶活性最大，为86.48IU/L，与拔节期相比，活性升高了55.62%；倒2叶在拔节期端粒酶活性最小，为57.32IU/L，抽穗期端粒酶活性最大，为70.82IU/L，与拔节期相比，活性升高了23.55%；旗叶在拔节期端粒酶活性最小，为48.86IU/L，抽穗期端粒酶活性最大，为84.83IU/L，与拔节期相比，活性升高了73.62%。

7龄老芒麦不同叶位叶片端粒酶活性随着生育期的推移都呈现出先变大再变小的趋势。倒3叶在拔节期端粒酶活性最小，为52.94IU/L，开花期端粒酶活性最大，为100.22IU/L，与拔节期相比，活性升高了89.31%；倒2叶在开花期端粒酶活性最大，为76.86IU/L，成熟期端粒酶活性最小，为52.14IU/L，与开花期相比，活性降低了32.16%；旗叶在抽穗期端粒酶活性最大，为77.41IU/L，成熟期端粒酶活性最小，为48.12IU/L，与抽穗期相比，活性降低了37.84%（图6-7）。

2. 不同株龄老芒麦根茎叶细胞染色体端粒酶活性的变化

在3龄老芒麦中，端粒酶活性叶>茎>根，叶片中端粒酶活性最大，为65.05IU/L，根端粒酶活性最小，为49.25IU/L。在5龄老芒麦中，端粒酶活性

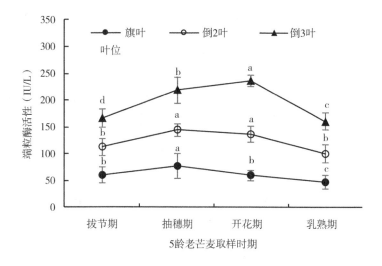

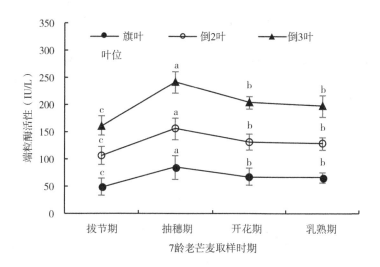

图 6-7　5 龄和 7 龄老芒麦叶片细胞染色体端粒酶活性的变化

叶>茎>根，叶片中端粒酶活性最大，为 66.15IU/L，根端粒酶活性最小，为
30.33IU/L。在 7 龄老芒麦中，端粒酶活性茎>根>叶，茎中端粒酶活性最大，为
80.99IU/L，叶中端粒酶活性最小，为 52.13IU/L。在抽穗期同一器官的端粒酶
活性在不同株龄之间也不同，根的端粒酶活性 7 龄>3 龄>5 龄；茎的端粒酶活性
7 龄>3 龄>5 龄；叶的端粒酶活性 5 龄>3 龄>7 龄。由此可以看出根和茎中端粒
酶活性的变化规律基本一致（图 6-8）。

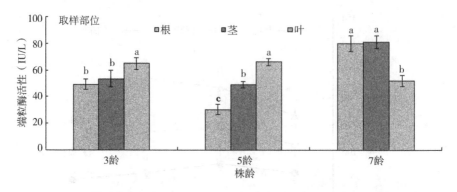

图6-8　抽穗期不同株龄老芒麦根茎叶细胞染色体端粒酶活性的变化

3. 不同株龄老芒麦全株叶片细胞染色体端粒酶活性的变化

3龄老芒麦端粒酶活性在不同生育期变化幅度较小；5龄老芒麦端粒酶活性在不同生育期同样呈现出先变大后变小的趋势，在开花期端粒酶活性达到最大值为97.47IU/L；7龄老芒麦端粒酶活性在不同生育期同样也呈现出先变大后变小的趋势，在抽穗期端粒酶活性达到最大值为94.18IU/L。在同一生育期不同株龄老芒麦端粒酶活性大小也不同。在拔节期，端粒酶活性7龄>3龄>5龄；在抽穗期，端粒酶活性7龄>3龄>5龄；在开花期，端粒酶活性5龄>7龄>3龄；成熟期，端粒酶活性5龄>3龄>7龄。由此可以看出，端粒酶活性变化规律是复杂的，不同株龄老芒麦在不同生育期都表现出不同的趋势（图6-9）。

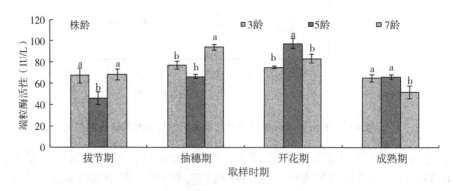

图6-9　不同株龄老芒麦全株叶片细胞染色体端粒酶活性的变化

总体来看，老芒麦叶片中的端粒酶活性在任何生育期从顶部到基部都是逐渐增大的。抽穗期，3龄和5龄老芒麦不同器官端粒酶活性大小顺序均为叶>茎>

根，7 龄中茎>根>叶。乳熟期不同株龄老芒麦全株叶片的端粒酶活性大小顺序为
5 龄>3 龄>7 龄。

二、老芒麦体细胞染色体端粒长度特征

1. 老芒麦体细胞染色体端粒长度与株龄相关关系

根据已经测出不同株龄老芒麦端粒长度的数据，建立老芒麦端粒长度与株龄
相关关系的数学模型。使用 Microsoft Excel 2016 模拟和建立了老芒麦叶片全部细
胞平均端粒长度与老芒麦株龄相关关系的数学模型，建立的函数模型见图 6-10。
拟合度 $R^2 = 0.875\ 8$，接近 1，说明老芒麦端粒长度与株龄相关性较大。

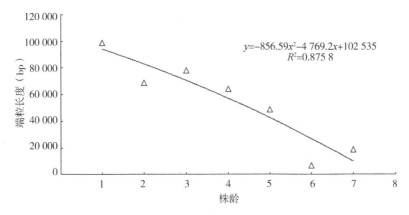

图 6-10　老芒麦叶细胞染色体端粒长度与株龄相关关系模拟曲线

（注：$y = ax^2 + bx + c$；式中，x 表示老芒麦株龄，y 表示端粒长度）

2. 老芒麦体细胞染色体端粒酶活性与株龄相关关系

从图 6-11 可以看出，随着株龄的增加，老芒麦端粒酶活性呈现出下降的
趋势，本研究通过借鉴王瑾瑜等（2012）在不同〔油松（*Pinus tabulaeformis*
Carr.）、银杏（*Ginkgo biloba* Linn.）、楸树（*Catalpa bungei* C. A. Mey）、国槐
（*Sophora japonica* Linn.）〕树木中端粒酶活性研究方法，根据已测出不同株龄
老芒麦叶片端粒酶活性数据，使用 Microsoft Excel 2016 模拟和建立了老芒麦叶
片全部细胞端粒酶活性与老芒麦株龄相关关系的数学模型，建立的函数模型见
图 6-11。拟合度 $R^2 = 0.894\ 8$，接近 1，说明老芒麦端粒酶活性与株龄相关性
较大。

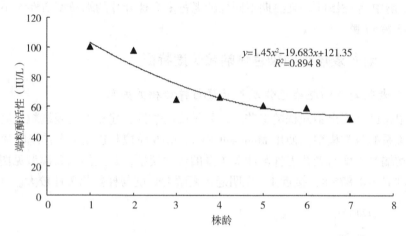

图 6-11　老芒麦叶细胞染色体端粒酶活性与株龄相关关系模拟曲线

$$y=1.45x^2-19.683x+121.35$$
$$R^2=0.894\ 8$$

　　总体趋势上，老芒麦端粒酶活性随着株龄的增加活性逐渐降低，成熟期端粒长度随着老芒麦株龄的增加而不断递减。研究老芒麦在生长发育过程中端粒酶活性的变化规律有助于阐释端粒长度的维持以及修复机制，可以为进一步探讨端粒长度与衰老以及生物体寿命之间的内在关系奠定基础。关于端粒酶活性与生物个体的研究主要集中在动物和人体上，在植物领域该方面的研究相对较少，尤其对于披碱草属植物此方面的研究更是凤毛麟角。进一步结合端粒结合蛋白、端粒酶等深入探讨披碱草属植物衰老机制，为延缓衰老奠定基础，这将是老芒麦衰老研究的一个重要方向。

第七章　披碱草属植物光合作用特性

植物光合作用是其在长期进化过程中形成的对环境的一种适应，是植物生长重要决定因素，是一切生长发育的基础，其特征不仅与植物遗传特性有关，同时还受到环境、生长季节、生长状况等诸多因素影响。目前，国内外学者对披碱草属种质资源光合生理生态特性方面研究较少，仅有零星报道。

第一节　披碱草属植物光合特征

一、老芒麦光合生理生态特征变化

作者以来自不同地区的 3 份老芒麦新疆老芒麦（XJS8）、山西老芒麦（SXS35）和内蒙古老芒麦（NMS34）为对象，进行了光合作用参数日变化分析。

1. 净光合速率与蒸腾速率日变化特征

自然条件下，来自不同地方的老芒麦光合速率日变化曲线均为典型双峰型曲线，一般第一高峰均出现在 10 时左右，第二峰值均出现在 14 时左右，第二峰值明显低于第一峰值，在 12 时，都出现不同程度的"午休"现象（图 7-1A）。蒸腾速率在早、晚比较低，随着气温和光强逐渐升高，单位面积叶片蒸腾失水增多，蒸腾速率加快，其峰值出现在 14 时，然后开始逐渐下降，到傍晚时分气孔基本关闭，蒸腾速率较低，材料不同，蒸腾速率最高值和最低值也不一致（图 7-1B）。

2. 气孔导度与胞间 CO_2 浓度的日变化

气孔导度在早、晚比较低，随着光强逐渐升高，气温逐渐上升，空气相对湿度不断降低，叶片气孔开始扩张，气孔导度随之增高，气孔导度峰值出现在 12 时，然后开始逐渐下降，到傍晚时分气孔基本关闭，气孔导度降到最低（图 7-2A）。净光合速率高的材料其气孔导度、蒸腾速率、胞间 CO_2 浓度值也最高，来自当地的材料 NMS34 其气孔导度、蒸腾速率和胞间 CO_2 浓度的平均值要高于其他材料（图 7-2B），这充分体现了来自当地材料已经适应当地环境，表现出优良光合特性。

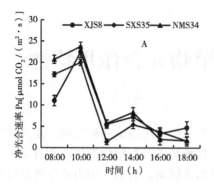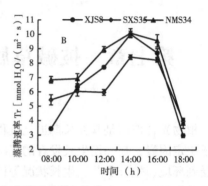

图 7-1　老芒麦光合速率和蒸腾速率的日变化

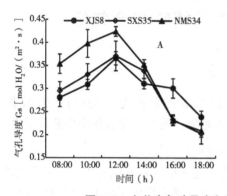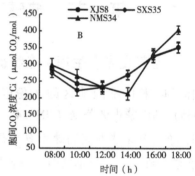

图 7-2　老芒麦气孔导度和胞间 CO_2 浓度的日变化

3. 叶片水压亏缺（VDP）、水分利用效率的日变化

3 种植物的 VPD 均在清晨始于低值，8—10 时急剧增加，而后处于波动状态，直至午后随着光合有效辐射（PAR）的降低而下降。材料 SXS35 叶片水压亏缺变化幅度最大，NMS34 变化最小（图 7-3A），这可能因为当地老芒麦适应当地环境条件，当地水分能满足叶片的蒸腾作用，从而降低叶片水压亏缺。老芒麦水分利用效率在 10 时最高，之后逐步下降，14 时达到最低点，然后慢慢回升，在 16 时左右达到次高峰，随后开始回落，呈双峰曲线（图 7-3B）。

4. 光合特征与环境因子之间关系

光合有效辐射与老芒麦叶片的蒸腾速率、净光合速率和气孔导度均呈显著正相关，与胞间 CO_2 浓度呈显著负相关；大气 CO_2 浓度与净光合速率和水分利用效率呈极显著负相关；大气温度与蒸腾速率呈极显著正相关，与水压亏缺呈极显著正相关；大气湿度与净光合速率和水分利用效率呈显著正相关，与蒸腾速率、水

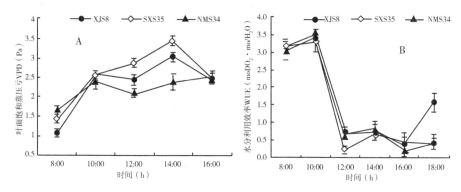

图7-3 老芒麦叶片水压亏缺和叶片水分利用效率日变化

压亏缺呈显著负相关。可见，各环境因子对光合特征参数均有较大影响，并主要是通过对蒸腾速率、水压亏缺的作用来影响净光合速率（表7-1）。

表7-1 环境因子与光合特征参数的相关系数

参数	净光合速率	蒸腾速率	胞间 CO_2 浓度	水压亏缺	气孔导度	水分利用效率
PAR	0.738 *	0.709 *	−0.753 *	0.671	0.793 *	0.021
Ca	−0.913 **	0.336	0.327	0.336	−0.294	−0.907 **
Ta	−0.282	0.807 *	−0.436	0.982 **	0.374	−0.509
RH	0.731 *	−0.540	−0.122	−0.831 *	0.157	0.848 *

注：** 相关显著性水平为0.01；* 相关显著性水平为0.05。

二、披碱草属四种植物对模拟光辐射强度的响应

选取来自新疆的老芒麦（XJS8）、披碱草（XJD6）、麦薲草（XJT4）及肥披碱草（XJE11）为研究对象，进行了其光合特性对模拟光强的响应（祁娟等，2009）。

1. 光合速率和蒸腾速率

披碱草属不同材料对模拟光强变化的响应过程大体上可区分为3个不同阶段。首先，在 PAR<200μmol/（m² · s）光强条件下，Pn 随 SPR 升高而线性增高（图7-4），之后，Pn 随着 SPR 的升高而增加，但幅度较小，直到 Pn 不再随着 SPR 的升高而增高，即达到了光合作用的光饱和阶段。在 0～200μmol/（m² · s）的光强范围内，4 种材料光合速率反应都比较迅速，以后随着光强的增加，曲线渐趋平缓。

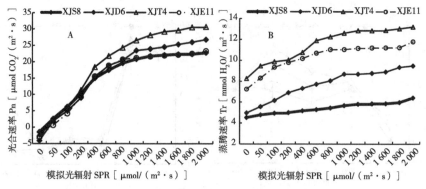

图7-4 4种植物光合速率及蒸腾速率对模拟光辐射增强的响应

2. 气孔导度和胞间 CO_2 浓度（Ci）

4种植物气孔导度（Gs）均随模拟光辐射强度升高而增大（图7-5）。光照诱导气孔开启，但是随着 SPR 的增加，Gs 并不是表现为单纯的线性递增的趋势，而是同 Pn 一样，也具有强光下趋于平缓。SPR 在 $0 \sim 500 \mu mol/$（$m^2 \cdot s$）时有一个急剧下降的过程，然后 Ci 趋于缓慢降低态势。随 SPR 增强，光合作用增强，CO_2 消耗增大，导致 Ci 降低，四种植物在 SPR 增强的初级阶段有一个大量消耗 CO_2 的过程，加之气孔导度较小，其 Ci 急剧下降。

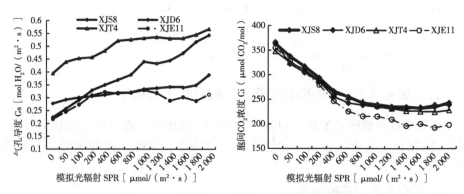

图7-5 4种植物 Ci 和对 SPR 增强的响应

3. 叶面饱和蒸汽压亏和水分利用效率

当 SPR 从 0 增至 $500 \mu mol/$（$m^2 \cdot s$）时，4种植物叶面饱和水压亏（Vpdl）有一个小的下降过程，之后除披碱草缓慢下降外，其他材料随 SPR 增加而缓慢增加。Vpdl 是水蒸气从叶片散失到空气的动力，伴随 Vpdl 的增大，Tr 逐渐增大，同时，Ci 减少，Pn 增加幅度减少，导致 WUE 超过一定强度以后逐渐减少。WUE 由 Pn 和 Tr 决定，SPR 增加初期阶段，植物叶片 Pn 的增幅大于 Tr 增幅，WUE 呈上升趋势，但当 SPR 超过一定强度后，植物叶片 Pn 增幅小于 Tr 增幅，导致 WUE 逐渐下降，因而 XJS8 在弱光条件下光能利用效率高，在较弱的光强下就达到 WUE 的最大值（图 7-6）。

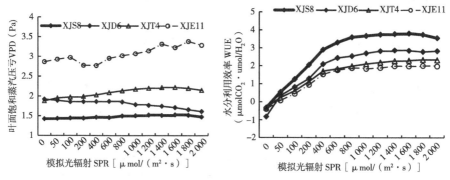

图 7-6　四种植物胞间叶面饱和水压亏和 WUE 对 SPR 增强的响应

第二节　影响披碱草属植物净光合速率的因素

一、披碱草属植物最大净光合速率、比叶面积及光合色素

1. 披碱草属植物最大净光合速率与比叶面积及光合色素变异

披碱草属不同材料之间最大净光合速率、比叶重及叶绿素含量见表 7-2。由表可以看出，材料之间比叶重变异幅度较大，范围在 0.11~0.83g/cm²，平均值为 0.351g/cm²，变异系数为 41.88%。最大净光合速率变异范围在 6.55 ~ 51.65μmolCO₂/（m²·s），变异系数为 34.759%。不同材料之间叶绿素 a 变异幅度较小，变异幅度为 5.694%，而叶绿素 b 变异幅度相对较大，变异系数为 24.209%。

表 7-2　披碱草属植物最大净光合速率及叶绿素含量

名称	Pmax	比叶重（g/cm²）	Chla [μmol CO₂/（m²·s）]	Chlb [μmol CO₂/（m²·s）]	Chla/Chlb	Chla+Chlb
平均	22.515	0.351	1.967	1.074	1.933	3.042
最小值	6.55	0.11	1.51	0.49	1.22	2

（续表）

名称	Pmax	比叶重 （g/cm^2）	Chla [μmol CO$_2$/ （m^2·s）]	Chlb [μmol CO$_2$/ （m^2·s）]	Chla/Chlb	Chla+Chlb
最大值	51.646	0.83	2.06	1.67	3.06	3.72
标准差	7.826	0.147	0.112	0.26	0.439	0.35
变异系数（%）	34.759	41.88	5.694	24.209	22.711	11.506

2. 披碱草属种质材料最大净光合速率与产量及与产量有关的性状之间关系

披碱草属材料最大净光合速率与产量及与产量有关的一些性状都没明显的相关性。叶绿素 a 与植物产量没明显相关性，而叶绿素 b 与植物产量呈显著相关性（表 7-3）。

表 7-3　披碱草属植物最大净光合速率与产量及产量性状的相关性

指标	株高	比叶重	总干重	叶干重	叶面积
Pmax	0.03	−0.074	−0.082	0.023	−0.074
SLA	0.137	0.654**	0.012	0.121	0.654**
Chla	−0.111	0.06	0.088	−0.061	0.06
Chlb	0.061	−0.009	0.359*	0.324*	−0.009

注：最大净光合速率：Pmax；比叶重：SLA；叶绿素 a：Chla；叶绿素 b：Chlb。

二、生长干扰因素对披碱草属植物光合作用特性的影响

1. 草地改良措施对盐碱化草地披碱草光合等生理特性的影响

披碱草的净光合速率在不同生育期都是用糠醛渣和醋糟改良后最大，增施糠醛渣和醋糟后能提高披碱草净光合速率；不同改良措施下，披碱草光合速率受气孔和非气孔双重影响。用糠醛渣和醋糟改良盐碱化草地后，不同生育期披碱草脯氨酸含量高，而丙二醛含量低。结合光合特性和生理特性比较不同改良措施表明，用糠醛渣和醋糟进行改良可以改善披碱草抗盐碱能力，减少盐碱胁迫对其的伤害（杜利霞等，2012）（表 7-4）。

表 7-4　不同改良措施披碱草抽穗期光合特性（杜利霞等，2012）

改良措施	净光合速率（Pn）[μmol/ （m^2·s）]	气孔导度（Gs）[mmol/ （m^2·s）]	胞间 CO_2 浓度（Ci）（μmol/mol）	气孔限制值（Ls）（%）
对照	10.97d	171.07b	346.14c	0.23a

（续表）

改良措施	净光合速率（Pn） [μmol/（m²·s）]	气孔导度（Gs） [mmol/（m²·s）]	胞间CO₂浓度（Ci） （μmol/mol）	气孔限制值 （Ls）（%）
糠醛渣	18.13a	321.24a	396.31b	0.12b
醋糟	16.72ab	326.26a	418.44a	0.07
农家肥	13.62c	177.90b	330.97c	0.26
农家肥+磷肥	14.86bc	276.86a	421.30a	0.06

2. 氮、磷添加对老芒麦光合特性影响

司晓林等（2016）对高寒草甸垂穗披碱草叶片全氮含量及净光合速率的影响研究表明，低（N_1）、中（N_2）、高（N_3）3种不同浓度的氮肥处理下，低硅（Si_4）添加对垂穗披碱草叶片全氮含量以及净光合速率没有显著的促进作用，而添加中浓度硅肥（Si_8）可显著提高垂穗披碱草叶片全氮含量；低、中浓度施氮水平下，中浓度硅肥可显著促进垂穗披碱草光合作用；叶片全氮含量和净光合速率最大平均值均出现在中浓度氮、硅肥配施下，与不施肥相比分别提高了119.99%和85.70%；就该研究而言，施加氮肥的同时，适当添加一些硅肥能够更好地提高垂穗披碱草叶片全氮含量和净光合速率，且硅的添加量为8 g/m²时效果较好。

孙小妹等（2018）以青藏高原亚高寒草甸为研究对象，通过氮添加试验，研究了N添加对典型物种净光合速率的影响。禾本科垂穗披碱草和直立型杂类草甘青蒿的Pn随N素添加而显著增大，说明高N水平有利于植物光合能力的提高和对碳素的同化。垂穗披碱草和甘青蒿的叶氮含量与Pn呈显著正相关。五种典型植物中，禾本科物种垂穗披碱草相较于其他物种对N更敏感。

何丽娟（2019）以种植于高寒区的4龄老芒麦为材料，施用不同水平的外源氮素（0、45kg/hm²、60kg/hm²、75kg/hm²、90kg/hm²、105kg/hm²），研究氮对老芒麦光合性能影响表明，不同水平施氮处理可提高老芒麦的光合参数值，说明施氮对老芒麦光合特性影响显著。75kg/hm²氮素处理对老芒麦光合特性影响较大，且不同生育期光合性能为开花初期>拔节期>成熟期。

王朋朋等（2019）研究发现，添加P可明显提高披碱草Gs；添加N时，其净光合速率、Gs多有不同程度的下降，而Ci多有上升。同时添加N和P，披碱草的光补偿点、最大光合速率较CK增加。适量的氮素添加对植物的光合特性可起到一定的促进作用，P的添加可以显著增加植物的地上生物量，会使植物叶片和最大光合作用速率之间的线性关系斜率变大（表7-5）。

表7-5　氮、磷添加对高寒草甸植物光响应曲线参数的影响（王朋朋，2019）

年份	处理	表观量子效率 （μmol/μmol）	光饱和点 [μmol/ (m²·s)]	光补偿点 [μmol/ (m²·s)]	最大光合速率 [μmol/ (m²·s)]
	CK	0.012a	503.33ab	25.02a	3.04a
2015	N	0.013a	314.86b	48.36a	2.39a
	P	0.015a	542.54a	41.22a	4.03a
	NP	0.011a	677.70a	35.17a	4.22a
	CK	0.012a	786.21a	36.01a	5.13b
2016	N	0.010a	786.67a	87.5a	4.14b
	P	0.028a	889.05a	58.43a	7.79ab
	NP	0.026a	1 037.43a	47.35a	11.00a

3. 干旱胁迫对披碱草属植物光合特性的影响

宋小园等（2015）研究了披碱草气体交换参数对土壤水分条件的响应，披碱草光合速率、蒸腾速率随着土壤含水量的降低而下降；蒸腾速率、净光合速率、气孔导度、水蒸气浓度差在自然状态和充分供水状态下均呈双峰曲线特征，蒸腾速率和净光合速率在凋萎缺水状态下出现三峰特征；胞间 CO_2 浓度的日变化规律与蒸腾速率、净光合速率的日变化规律相反，呈 "W" 形；蒸腾速率与水蒸气浓度差的相关度极高，线性关系明显。3 种土壤水分状态下，披碱草气孔导度为 $0\sim3\,900\mu mol/$ （$s^2\cdot m$），蒸腾速率随着气孔导度的增大而增大，胞间 CO_2 为 $200\sim490mg/kg$，蒸腾速率随着胞间 CO_2 浓度的增大而减小，叶面温度为 $17\sim36℃$ 蒸腾速率随着叶面温度的增大而增大。披碱草光合、蒸腾作用的强弱主要取决于所必需的能量以及叶片内外间存在的水汽压差异，而土壤水分的变化将会使水分散失的主要通道——气孔做出积极的反应。"光合午休" 现象和水分胁迫下披碱草的蒸腾速率随温度的上升而增加的反应，说明披碱草有着适应干旱生长的能力。

秦宏建（2019）研究了干旱胁迫对 3 种披碱草属牧草光合特性的影响。3 种禾草叶片净光合速率（Pn）、蒸腾速率（Tr）、气孔导度（Gs）、水分利用效率（WUE）随干旱胁迫程度的增加呈现不同程度的降低，而 CO_2 浓度（Ci）在干旱胁迫过程中变化较小。在重度干旱胁迫（第 $8\sim10$ 天）时，垂穗披碱草的净光合速率、蒸腾速率、CO_2 浓度最高，其次老芒麦，圆柱披碱草最低；而老芒麦的叶片气孔导度显著高于垂穗披碱草和圆柱披碱草。

4. 不同建植年限对披碱草属植物光合特性影响

高小刚（2019）研究了三江源区不同建植年限下垂穗披碱草草地群落结构

和 CO_2 交换特征的变化，随着建植年限的增加，植物群落净光合速率、呼吸速率和土壤呼吸速率逐渐减小，草地碳固定能力逐渐减弱。

金鑫等（2021）以建植 3 年、4 年和 5 年的青牧 1 号老芒麦人工草地为研究对象，通过测定不同物候期、不同株龄老芒麦株高和叶片形态参数及 SPAD 值，分析不同物候期各株龄老芒麦叶片的基础光合环境差异，通过模拟有效光辐射测定不同株龄老芒麦旗叶的光合参数差异，分析老芒麦株龄和光强对叶片光响应能力的影响，同时探讨高寒区老芒麦光合特性与其主要物候期及不同生长年限之间的关系。结果发现，在 $200 \sim 2\,000 \mu mol/（m^2 \cdot s）$ 光强范围内，各建植年限老芒麦旗叶 Pn 和 Tr 为 3 龄>4 龄>5 龄，且二者呈极显著正相关关系。Pn 与 Gs 或 Ls 呈极显著正相关，Pn 与 Ci 呈极显著负相关。主要受气孔限制因素的影响，3 和 4 龄老芒麦分别在 $1\,200 \mu mol/（m^2 \cdot s）$ 和 $1\,000 \mu mol/（m^2 \cdot s）$ 出现光抑制现象，而 5 龄在 $800 \mu mol/（m^2 \cdot s）$ 时，主要受到非气孔限制因素表现为光抑制。光照强度极显著影响旗叶 Pn 和 Gs，株龄极显著影响 Ci，二因素共同作用时，显著影响老芒麦旗叶 Pn 和 Gs（表 7-6、表 7-7）。

仅株龄为因子时，各相邻株龄间老芒麦叶片的 Pn 和 Tr 差异不显著，且 3 龄和 4 龄的叶片 Pn、Tr 显著高于 5 龄，说明在高寒区老芒麦旗叶在灌浆期时，随建植年限延长，其相应的净光合速率和蒸腾速率降低，即光合能力减弱，不利于老芒麦种子形成和产量的积累。

表 7-6 建植年限对老芒麦叶片光合参数的影响（金鑫，2021）

年限	光合速率 Pn [μmol/ $（m^2 \cdot s）$]	气孔导度 Gs [mol/ $（m^2 \cdot s）$]	胞间 CO_2 浓度 Ci（μmol/ mol)	气孔限制值 Ls	蒸腾速率 Tr [mmol/ $（m^2 \cdot s）$]	水分利用率 WUE （μmol/mmol）
3	5.04± 0.62a	0.06± 0.01a	488.54± 43.99b	0.33± 0.06a	2.37± 0.17a	1.67± 0.38a
4	3.44± 0.45ab	0.05± 0.01a	702.22± 38.70a	0.32± 0.04a	2.27± 0.20ab	1.62± 0.28a
5	3.01± 0.51b	0.05± 0.01a	603.10± 35.20ab	0.20± 0.05a	1.72± 0.15b	1.39± 0.36a

表 7-7 光照强度对老芒麦叶片光合参数的影响（金鑫，2021）

光照强度	净光合速率 Pn [μmol/ $（m^2 \cdot s）$]	气孔导度 Gs [mol/ $（m^2 \cdot s）$]	胞间 CO_2 浓度 Ci（μmol/ mol)	气孔限制值 Ls	蒸腾速率 Tr [mmol/ $（m^2 \cdot s）$]	水分利用率 WUE （μmol/mmol）
0	−1.97± 0.26c	0.020± 0.003d	1 168.60± 72.77a	−0.43± 0.12c	0.84± 0.12d	−2.91± 0.69c

（续表）

光照强度	净光合速率 Pn [μmol/ (m²·s)]	气孔导度 Gs [mol/ (m²·s)]	胞间 CO₂浓度 Ci（μmol/ mol）	气孔限制值 Ls	蒸腾速率 Tr [mmol/ (m²·s)]	水分利用率 WUE（μmol/mmol）
50	0.67± 0.30bc	0.032± 0.005cd	721.50± 45.02b	0.14± 0.03b	1.30± 0.18cd	0.52± 0.24b
200	3.85± 0.58ab	0.049± 0.004bc	513.76± 37.97bc	0.38± 0.04a	2.04± 0.20bc	2.10± 0.47ab
600	5.00± 0.49ab	0.056± 0.004bc	479.29± 47.92c	0.43± 0.04a	2.32± 0.22bc	2.39± 0.40ab
800	5.02± 0.73ab	0.054± 0.006bc	478.19± 42.04c	0.43± 0.03a	2.27± 0.30bc	2.67± 0.67a
1 000	4.62± 0.65ab	0.054± 0.006bc	507.21± 39.07bc	0.40± 0.03a	2.27± 0.34bc	2.30± 0.43ab
1 200	4.03± 0.83ab	0.047± 0.008bc	599.75± 54.19bc	0.28± 0.06ab	1.56± 0.35bcd	1.83± 0.41ab
1 400	3.88± 0.73ab	0.049± 0.008bc	551.75± 56.97bc	0.34± 0.06ab	2.00± 0.35bc	2.13± 0.32ab
1 600	4.43± 0.89ab	0.053± 0.006bc	554.56± 55.62bc	0.34± 0.05ab	2.07± 0.23bc	2.14± 0.29ab
1 800	5.11± 0.98ab	0.066± 0.007b	539.49± 40.43bc	0.35± 0.04ab	2.58± 0.25b	1.89± 0.22ab
2 000	6.15± 0.90a	0.095± 0.009a	548.13± 42.78b	0.36± 0.02ab	3.69± 0.30a	1.67± 0.19ab

5. 植被混凝土生态防护技术中水泥含量对垂穗披碱草光合生理与生化特性的响应

植被混凝土生态防护技术中，水泥含量对于边坡稳定性和物种的定居生长均有着重要的影响。王稷（2019）测定了两种草本植物垂穗披碱草和冰草光合生理与生化特性对植被混凝土水泥含量的响应。水泥含量对两种草本植物的光合生理与生化指标均有显著的影响。冰草、垂穗披碱草幼苗的净光合速率（Pn）均随着水泥含量的上升先上升后下降，最大值分别出现在 6%、8% 水泥处理组。垂穗披碱草对水泥含量最高耐受含量为 6%~10%，冰草为 4%~8%，垂穗披碱草对水泥含量耐受度高于冰草。冰草和垂穗披碱草均具有较好的抗逆性能，可应用于高山亚高山地区边坡的生态恢复，在植被混凝土生态恢复实际中应结合边坡的稳定性需要再适当调整水泥含量。

第八章　披碱草属植物抗逆性特征

近年来，由于全球变化和人类活动引起非生物胁迫加剧，越来越多的研究开始关注披碱草属植物非生物胁迫抗性，包括耐盐性、抗旱性、抗寒性、重金属胁迫及复合胁迫抗性，但研究的深度及广度仍亟待提高。阐述近年来在披碱草属植物抗逆性方面研究成果以及存在的问题，以期为抗逆牧草种质创新和进一步利用披碱草属优良的遗传资源提供参考依据。

第一节　披碱草属植物与内生真菌及丛枝菌根真菌的共生关系

一、披碱草属内生真菌

植物内生真菌通常与宿主植物形成互利共生关系，对宿主植物的生长、生理代谢和营养元素积累有重要影响，可以增强宿主植物抗旱性，通过产生生物碱避免昆虫采食和病原菌侵入以及促进其生长竞争能力，同时对重金属污染修复和提高植物抗逆性等农业领域亦具有巨大的应用潜力。

起初国内外有关披碱草属植物内生真菌研究主要集中在披碱草内生真菌带菌率调查等方面，我国披碱草内生真菌带菌率很高。随着研究逐步深入，有关披碱草所带 *Epichloë* 属内生真菌的生理生化特性等方面有了比较深研究。

1. 国外披碱草属内生真菌研究

国外研究披碱草属内生真菌多集中于 *Epichloë* 属（表8-1），研究以分类学为主，其中以美国 Rutgers 大学 White 教授和 Kenturky 大学 Schardl 教授的学术集体为代表，主要研究对象为加拿大披碱草，对其侵染率调查结果不尽相同。Vinton 等（2001）报道，在美国中部草原，加拿大披碱草内生真菌侵染率都在90%左右，但 White 和 Morgan-Jones（1987b）对美国德州草原加拿大披碱草检测内生真菌侵染率时却发现仅有61%。在国外的研究中尚未见到内生真菌—披碱草（*Elymus* spp.）共生体的报道。

表 8-1　国外披碱草属 6 个种所带内生真菌情况

Elymus 种	内生真菌	采集地点	文献
E. canadensis	*Epichloë*	美国	White, 1987
E. canadensis	*Neotyphodium*	不详	White & Morgan-Jones, 1987b
E. canadensis	*Epichloëtyphinum*	不详	White, 1988
E. canadensis	*Epichloë elymi*	美国得克萨斯	Schardl & Leuchtmann, 1999
E. canadensis	*Neotyphodium*	美国	Vinton et al., 2001
E. europaeus	*Epichloë* 或 *Neotyphodium*	欧洲	White, 1987
E. hystrix	*Epichloë elymi*	美国纽约	Schardl & Leuchtmann, 1999
E. repens	未知	芬兰	Saikkonen et al., 2000
E. virginicus	*Epichloë* 或 *Neotyphodium*	美国	White, 1987
E. virginicus	*Epichloë* 或 *Neotyphodium*	美国	Clay & Leuchtmann, 1989
E. virginicus	*Epichloë typhinum*	不详	Leuchtmann, 1992
E. virginicus	*Epichloëelymi*	美国肯塔基	Schardl & Leuchtmann, 1999
E. villosus	*Epichloë*	美国	Clay & Leuchtmann, 1989
E. villosus	*Epichloëelymi*	美国肯塔基	Schardl & Leuchtmann, 1999

注：引自张玉平博士论文（2007）。

2. 国内对披碱草属内生真菌的研究

中国最早报道内生真菌与披碱草共生的是南志标和李春杰（表 8-2），在检测的三份披碱草样品中发现一份带菌，且带菌率为 100%。Zhang 和 Nan（2007b）通过调查披碱草带菌种群披碱草 *Epichloë* 内生真菌共生体产碱能力分析发现，披碱草 *Epichloë* 内生真菌共生体仅产波胺生物碱，且不同种群共生体产碱能力不同。对该共生体进一步研究发现，在生长季末产碱能力最强，生长季之外产碱能力最弱。另外，该团队还对披碱草 *Epichloë* 内生真菌共生体在非生物胁迫方面抗性进行了研究。在干旱胁迫下，该内生真菌能显著提高宿主植物发芽率和幼苗生长。同时，在重金属铬离子的胁迫下，该内生真菌能提高披碱草植物的发芽率。

表 8-2　披碱草属种子带菌率（转引自南志标和李春杰，2000）

种	带菌率（%）
圆柱披碱草 *E. cylindricus*	100
披碱草 *E. dahuricus*	100
垂穗披碱草 *E. nutans*	100

（续表）

种	带菌率（%）
麦薲草 E. tangutorum	20~100
披碱草 Elymus sp.	50

　　张玉平（2007）对我国披碱草主要分布区所采集的披碱草内生真菌调查与检测发现，内生真菌侵染率有的可以达到 100%，但也有很多种群侵染率为 0，其分布具有以一个地方为中心向周围地区扩散的趋势，并且发现从不同披碱草种群中分离的内生真菌有一定的形态多样性（表 8-3）；Young 等（2009）从北美洲的加拿大披碱草中，发现产生子座的内生真菌，显示了披碱草属植物内生真菌的多样性，无论是在单播还是在混播条件下，内生真菌的存在能增加垂穗披碱草生物量，增加垂穗披碱草竞争能力，尤其是在严重干旱胁迫下（张金峰，2013）；陈焘和南志标（2015）在研究老芒麦时发现，接种镰孢属真菌对其苗长生长抑制最为严重，其中接种燕麦镰孢、串珠镰孢、细交链孢之后极显著降低了幼苗的干重；宋辉等（2015）研究不同地理种群披碱草属植物无性世代内生真菌，分布在海拔高于 3 000m 的无性世代内生真菌聚在一个分支，而分布在海拔低于 3 000m 的无性世代内生真菌呈现星状分布，分离于我国的披碱草属植物 *Epichloë* 无性世代内生真菌与分离于北美洲披碱草属植物 *Epichloë* 有性世代内生真菌存在不同的起源。通过分析披碱草属和其潜在二倍体大麦属植物及其所带 *Epichloë* 内生真菌的系统发育关系发现，我国大麦属植物可能携带有 2 种以上不同的 *Epichloë* 内生真菌。其中一种 *Epichloë* 内生真菌与我国披碱草属植物所带 *Epichloë* 内生真菌具有亲缘关系，另一种 *Epichloë* 内生真菌与北美洲披碱草属植物所带 *Epichloë* 内生真菌具有相同的祖先。

表 8-3　中国关于内生真菌在披碱草属植物分布的研究报道（张玉平，2007）

Elymus 种	内生真菌	采集地点	文献
E. cylindricus	未知	中国	南志标，李春杰，2004
E. dahuricus	未知	中国	Nan & Li, 2000
E. dahuricus	未知	中国	南志标，李春杰，2004
E. nutans	未知	中国	南志标，李春杰，2004
E. tangutorum	未知	中国	南志标，李春杰，2004
E. excelsus	未知	内蒙古锡林浩特	Wei et al., 2006
E. sibiricus	未知	内蒙古大阪	Wei et al., 2006

　　目前，已经检出的老芒麦种带真菌有细交链孢、曲霉、链二孢、毛壳菌、离蠕孢、德氏霉、镰孢菌、青霉、丛梗孢、皮思霉、葡萄穗霉、木霉、粉红单端孢、

轮枝孢、单格孢（陈焘和南志标，2015）；从垂穗披碱草种子共鉴定出 17 属 23 种真菌，分别为菌核生枝顶霉、细交链孢、细极链格孢、黄曲霉、黑曲霉、根腐离蠕孢、灰葡萄孢、球毛壳菌、卷顶毛壳菌、多主枝孢、德氏霉、黑附球菌、锐顶镰孢、燕麦镰孢、尖镰孢、三线镰孢、稻黑孢、意大利青霉、茎点霉、淡紫紫孢菌、圆核腔菌、葡萄穗霉和粉红单端孢。从甘肃省披碱草种子中分离到 5 株内生真菌，均属于链格孢（*Alternaria alternata*）。从内蒙古披碱草种子中分离到 7 株，该内生真菌通过调节植物渗透调节物质、抗氧化物酶、光合作用、C 和 N 等营养元素代谢增加小麦抗旱性和复水恢复能力（强晓晶，2019）。垂穗披碱草种子带菌率与种子的发芽率呈显著负相关关系，其中，接种尖镰孢、燕麦镰孢、锐顶镰孢、多主枝孢、粉红单端孢、根腐离蠕孢、德氏霉后显著影响种子发芽及幼苗生长（高晨轩，2018）。环境因子对披碱草属种带真菌群落多样性及构成有明显影响，影响作用大小依次为：海拔、年均气温、经度、年降水量和纬度。

二、丛枝菌根真菌

丛枝菌根真菌（AMF）是土壤真菌中的一类接合菌，能侵入高等植物皮层内形成植物和真菌共生体——丛枝菌根（AM）。菌根共生体的形成能够改善宿主植物的营养状况，促进其对土壤中 N、P 等矿质元素吸收，提高植物生物量。此外，AM 真菌作为生防因子，能够有效控制病害的发生。

1. 丛枝菌根真菌对披碱草属植物生长的影响

披碱草属植物具有庞大须根系，有较多毛细根。AM 真菌与其可形成共生关系。接种菌根菌后，该属植物生物量均有所提高，植物根系的侵染密度、侵染率、丛枝丰度、植物体内养分含量等也是施加菌根菌的高于未施加菌根菌（刘永俊，2011；王茜等，2014；任倩，2018）。接种丛枝菌根真菌能够间接减少植物在有机氮条件下的伤害，提高垂穗披碱草生物量，从而促进植物对有机氮的吸收（孙永芳，2015）。适宜浓度氮肥添加促进 AM 真菌侵染植物根部，且 AM 真菌对宿主分蘖数、根生物量、根冠比及总生物量均有显著正效应。但较高氮肥处理，显著降低了 AM 真菌的侵染及菌根依赖性（刘永俊等，2011；罗佳佳，2016）。丛枝菌根真菌可以提高植物的抗逆性，接种活性 AMF 能显著提高幼苗对低温胁迫的耐受性（褚希彤，2015；徐雅梅等，2016），AM 真菌介导还可以提高垂穗披碱草抗虫作用（刘月华等，2016）。

2. 外界干扰对 AMF 与植物之间关系的影响

（1）放牧强度对 AMF 的影响

放牧强度对老芒麦和垂穗披碱草丛枝菌根真菌多样性具有明显的影响。张峰等（2015）从玛曲高山草原土壤中共分离 3 属 11 种 AM 真菌、13 属根部入侵真菌，两类真菌多样性均随放牧强度增加而减少。AM 真菌在轻度、中度和连续放牧强度下其数量分别为 3 属 11 种、3 属 10 种和 2 属 8 种，根部入侵真菌在不同放牧强度下的数量分别为 12 属、9 属和 8 属，AM 真菌对两种植物的侵染率均随着放牧强度增加而升高。老芒麦在各放牧强度和土壤处理下，其 AM 真菌侵染率高于垂穗披碱草，AM 真菌和根部入侵真菌均提高了老芒麦的光合速率。

（2）冷胁迫对垂穗披碱草 AMF 的影响

丛枝菌根真菌能在一定程度上提升植物对逆境的抗性。褚希彤（2015）通过测定接种真菌对 5℃冷胁迫 5d 的垂穗披碱草人工栽培种正道和西藏野生种康马的影响发现，冷胁迫对 2 种垂穗披碱草的生长发育及光合色素合成等产生了强烈的抑制作用，而接种活性丛枝菌根真菌能有效促进垂穗披碱草幼苗的生长和根系发育，进而提高垂穗披碱草对 5℃冷胁迫的抗性。

三、披碱草属植物种子内生菌的去除方法

张金锋等（2013）曾用水浴法去除披碱草种子内生真菌，但种子活力也受到了不可忽略的影响，水浴法被证实只适合应用于种子量丰富的情况。水浴法杀灭垂穗披碱草内生真菌时，60℃水温水浴 20min 效果较好，且水分胁迫下，内生真菌的存在能够提高垂穗披碱草生长能力，提高垂穗披碱草对氮磷元素吸收和其竞争能力。张蕊思（2016）研究发现，用 150W 功率微波处理披碱草种子 40s，可以把披碱草种子内生真菌带菌率从 93.17% 显著降到 27.3%，但并未达到完全去除的效果，所以微波处理法不能成为最佳去除种子内生真菌的处理方法，其使用内吸性杀菌剂甲基托布津 500 倍稀释液浸泡处理披碱草种子 6h，可以使披碱草种子带菌率由 93.17% 显著降低到 20%。此结果较理想，但 70% 甲基托布津处理披碱草种子后虽然可以有效杀灭种子内生真菌，但不能完全去除种子内生真菌，于是其又采用 75℃高温干热处理披碱草种子 20d，能显著杀灭披碱草种子内生真菌，使带菌率降为 0，所有 75℃处理 20d 的幼苗检测均为无菌幼苗。

第二节　披碱草属植物主要病害

一、披碱草属植物病害状况

目前，国内针对披碱草属植物病害损失评估报道较少，仅见于侯天爵（1993）、李建廷（1998）、张子廉（2006）和陈仕勇（2016）等的调查研究。

侯天爵（1993）在调查北方牧草病害时发现，披碱草属牧草病害多为锈病，其中秆锈病（*Puccinia graminis*）和叶锈病（*Puccinia recondita*）的发生最为严重，同时也发现了一些披碱草属植物在水肥条件良好且种植密度较大时，易发白粉病（*Blumelia graminis*）。李建廷（1998）调查发现，甘肃披碱草属牧草黑粉病（*Ustilago trebouxi*）较为严重，多发生于牧草穗部，发病率约17%。张子廉等（2006）在调查甘肃天祝县种植的加拿大披碱草时发现，该地区加拿大披碱草多发散黑穗类黑粉病，局部发病严重地区发病率高达46%。经试验测定后发现可以使用杀菌剂利福美双和立克秀对其进行防治，立克秀最佳防治用量为种子重量的0.15%，福美双最佳防治用量为种子重量的0.30%。陈仕勇等（2016）在对青藏高原高寒牧区（甘肃、四川、青海、西藏、新疆等省区）的垂穗披碱草调查发现，高寒牧区垂穗披碱草多发麦角病（*Claviceps purpurea*）。整体发病率范围为0~95%，平均发病率为27.68%，其中四川炉霍与西藏羊八井地区病情尤为严重，发病率分别为95%和92.5%。

对于披碱草属植物病害，研究的较多的是老芒麦与垂穗披碱草。垂穗披碱草病害的发生在国际上鲜有报道，我国目前报道的垂穗披碱草病害详见表8-4，病害发生地区为甘肃、宁夏、青海、内蒙古、新疆、西藏等省区。病害类型多为茎叶病害，根部病害鲜见报道。从病害发生情况来看垂穗披碱草锈病发生报道次数最多，叶斑病最少。

表8-4　国内报道的垂穗披碱草病害（高晨轩，2018）

病害名称	发生地区与引用文献
褐斑病（*Ascochyta brachypodii*） 褐斑病（*Ascochyta sorghi*）	宁夏（侯天爵，1980）
叶斑病（*Bipolaris sorokiniana*）	甘肃（刘勇，2016）
麦角病（*Claviceps purpurea*）	甘肃、四川、青海、西藏、新疆（张蓉，2009；刘日出，2011；陈仕勇等，2016）
香柱病（*Epichloe typhina*）	甘肃（刘若和南志标，1987）
斑点病（*Phyllosticta* sp.）	宁夏（侯天爵，1980）
秆锈病（*Puccinia graminis*）	内蒙古、甘肃（侯天爵和白儒，1980；刘若和南志标，1987）
叶锈病（*Puccinia recondita*） 叶锈病（*Puccinia rubigovera*）	内蒙古、甘肃、青海（侯天爵和白儒，1980；刘若和南志标，1987；戴芳澜，1979） 甘肃（刘若，1978）
条锈病（*Puccinia striiformis*）	甘肃（刘若等，1991）
角斑病（*Selenophoma bromigena*）	甘肃（侯天爵，1980；刘若和南志标，1987）

（续表）

病害名称	发生地区与引用文献
条形黑粉病（*Urocystis agropyri*） 条形黑粉病（*Urocystis dahuricus*） 条形黑粉病（*Ustilago macrospora*） 条形黑粉病（*Ustilago striiformis*）	甘肃（刘若，1978；侯天爵，1980；刘若等，1991；张蓉，2009）
黑粉病（*Ustilago trebouxii*）	青海（戴芳澜，1979）

1. 麦角病

麦角病不仅多发生在大麦、小麦和黑麦等麦类作物上，而且也是禾本科牧草常见病害之一，如披碱草、羊草、无芒雀麦等。麦角菌通过侵染植株穗部小花形成菌核（麦角）而对植株造成为害，这不仅使禾草种子减产，而且所产生的菌核含有多种具剧毒的生物碱，如果人和畜误食后会引起中毒甚至死亡。

对几种常见的高寒区披碱草属牧草感病情况调查发现，披碱草的感病率较高且严重，垂穗披碱草次之，而在老芒麦中几乎没有发现麦角病，这可能与麦角菌具有一定的寄生专化性等有关。陈仕勇（2016）研究发现，麦角病在垂穗披碱草中的发生较普遍，且一些材料的发病特别严重，对其种子生产等方面造成了不利的影响，大部分的材料对麦角病都表现出一定的抗性。带内生真菌的植株能检测到不同含量的麦角生物碱，而不带内生真菌的植株未检测到任何一种麦角生物碱，但至今没有家畜在采食披碱草后中毒的报道，主要原因是带菌披碱草中麦角生物碱含量较少（徐瑞等，2012），比李春杰报道的醉马草中麦角酰胺含量和麦角新碱含量低，而且 Vinton 等（2001）检测到带菌加拿大披碱草中麦角生物碱含量也低于被内生真菌侵染的高羊茅中麦角生物碱含量。

披碱草不同生育期及不同部位麦角生物碱含量差异较大。披碱草刚返青时，麦角生物碱主要分布在叶片和叶鞘中，随着植物生长迅速，体内麦角生物碱的代谢较为缓慢，含量降低，直到开始抽穗，营养枝部分含量降低，种子中麦角生物碱含量增高，到种子散播结束植物枯萎，麦角生物碱随着营养物质的运输转移到根部，根部的麦角生物碱含量增高。因此，可以推测麦角生物碱将随着营养物质的运输在植物体内分布（图8-1）。

2. 白粉病

披碱草属植物是我国小麦白粉病的主要中间寄主之一。它分布广，数量大，受病菌感染程度也比较重。资料报道，小麦白粉病菌有远距离传播的特点，如国外披碱草能将国外白粉病菌传入我国，这不仅增加了初侵染源，在某些边远地区也可以引起流行（盛宝钦，1998），而且更重要的是把新小种传入我国，加快了

图 8-1　垂穗披碱草感染麦角病小穗

品种抗性丧失。对国内的三种披碱草，用小麦白粉病菌分生孢子接种和回接也获得成功，同样说明它们具有中间寄主传播病菌的潜力。今后应重视周边国家小麦白粉病发生发展动态，加强病菌毒力监测结果的交流。

据调查，垂穗披碱草白粉病发病率 87%，高于老芒麦的 51%。白粉病菌对寄主为害比较严重，不仅造成鲜草产量的损失，还会影响牧草品质。在高山草原地区，适当地增加放牧强度，可提高 AM 真菌侵染率 9.71%~40.12%，使得垂穗披碱草白粉病发病率降低 20.46%~57.26%，有效抑制病害的发生，显著提高垂穗披碱草对白粉病的抗性（张峰，2015；郭艳娥等，2018）

3. 柄锈菌

自从 Westendorp 在 1851 年对披碱草柄锈菌进行首次报道之后，日本、欧洲、中国等也相继在禾本科植物中发现了该菌。披碱草柄锈菌的寄主主要包括披碱草、老芒麦、早熟禾属植物、中间鹅观草以及直穗鹅观草等。该病主要侵害叶片，也侵染叶鞘和茎秆。被此锈菌严重侵染的草地远看呈黄褐色或棕色。披碱草条锈病菌和小麦条锈病菌之间在夏孢子与冬孢子形态方面均有一定差异。披碱草条锈病菌对小麦条锈菌的感病品种不能侵染致病。据此可知披碱草条锈菌属于专化型披碱草条锈菌，只能侵染披碱草，在小麦感病品种上是抗病反应（图 8-2）（郑丹，2018）。

披碱草柄锈菌夏孢子萌发的温度范围是 5~30℃，较适宜温度为 20~25℃，当温度增至 28℃左右时，不仅孢子萌发率明显下降，而且出现发芽管变形的现象。因此生长季节降水多少、分布状况以及当地积温情况是影响锈病发生及危害程度的关键因素（王旭等，2007）。王旭等发现披碱草柄锈菌的侵染使羊草植株过早老化，降低牧草品质，影响适口性，羊草体内营养代谢物质的含量受到

图8-2　披碱草条锈菌的夏孢子堆（左）与冬孢子堆（右）（郑丹，2018）

影响。

4. 赤霉病

赤霉病是禾谷镰刀菌等真菌侵染所造成的生育后期的气候型病害。世界各产麦区均有此病害发生，在气候潮湿、温暖多雨的地区尤为严重。培育抗病品种是解决赤霉病为害的根本途径。

在披碱草、偃麦草、山羊草和鹅观草等小麦近缘种属植物中已经鉴定出赤霉病抗性基因。携带赤霉病抗性基因的外源染色体可以通过附加、代换和易位导入小麦（丛雯雯等，2010）。翁益群等（1989）对6个属11个物种进行赤霉病抗性鉴定发现，巨大冰麦草具有较强的赤霉病抗性，接近免疫，圆柱披碱草和弗吉尼亚披碱草具有一定的赤霉病抗性。万永芳等（1997）对赤霉病抗性鉴定试验显示，披碱草属、冰草属和仲彬草属大多数所试材料中抗侵入同时高抗扩展，是小麦较好的抗赤霉病资源。披碱草属和冰草属分别分布于北半球暖带和欧亚大陆的山坡、林下或灌木丛中，它们对湿润的气候具有适应性。赤霉病菌也是在温暖潮湿的气候条件下才能生长繁殖，导致寄主感病的病原菌。寄主植物与赤霉病菌在共同的生态环境条件下，长期的相互适应和共同演化过程中，生存的竞争使寄主植物在致病淘汰的过程中，抗病较强的植株被保留下来，因而这些多年生野生物种对赤霉病菌表现出极强抗性。

二、放牧对牧草病害产生的影响

已有研究表明草食动物能够改变寄主—真菌病原之间的关系。放牧强度对植物病害的影响因植物和病害种类而异。胡枝子锈病、垂穗披碱草锈病、垂穗披碱草离蠕孢叶斑病3种病害的发病率及病情指数皆随放牧强度的增加而降低，长芒草平脐蠕孢叶斑病的发病率及病情指数则随放牧强度的增加而升高，而田旋花白粉病和蚓果芥白粉病的发病率和病情指数与放牧强度无明显相关性（刘勇，2016）。草地植物病害发病率和病情指数与植物密度和盖度显著正相关，放牧在草地植物病害的发生过程中起主导作用，并且通过改变草地群落结构和草地微环境影响草地植物病害的发生。

第三节 披碱草属植物抗旱抗寒性

一、披碱草属植物抗旱性

披碱草属植物属于中旱生生态型，耐旱性较强。老芒麦、垂穗披碱草产草量形成规律与气温、降水季节变化有密切关系（盘朝邦等，1992）。干旱条件下，披碱草属植物通过生理物质的变化来抵抗胁迫。抗旱性弱的披碱草属品种脯氨酸积累速度快于抗旱性强的品种，但抗旱性强的品种维持积累量大，维持积累时间长。同时，脯氨酸的积累速度和数量同品种的叶水势状况、气孔关闭速度、大小、植物叶片的萎蔫程度等有关（马宗仁，1991）。干旱胁迫下，披碱草不能通过增加酶活性来抵御不良环境，老芒麦在轻度干旱胁迫下可以通过增加酶活性抵御不良环境，但在重度干旱胁迫下，酶活性降低，不能抵御。圆柱披碱草在干旱胁迫下保护酶活性无明显变化，不能进行适应性调节（尤海洋等，2007）。德英等（2010）对7种披碱草属59份种质幼苗进行了抗旱性初步评价，发现抗旱性最强的5份种质均为老芒麦，而4份麦蓣草抗性均为最弱。刘锦川等（2011）发现老芒麦的抗旱能力低于披碱草和加拿大披碱草。余方玲等（2011）发现"川草2号"老芒麦的抗旱性高于"阿坝"垂穗披碱草。卢素锦（2013）和王晓龙等（2014）研究发现，垂穗披碱草抗旱性最强，而老芒麦抗性较弱。陈有军（2016）等研究披碱草属植物抗旱性为圆柱披碱草>老芒麦>垂穗披碱草>麦蓣草>披碱草>短芒披碱草。然而，王慧君等（2017）对采自新疆的6种披碱草属种子萌发期的抗旱性综合评价也表明，垂穗披碱草>圆柱披碱草>披碱草>短芒披碱草>麦蓣草>老芒麦。

以上大多数结果表明老芒麦抗旱性低于垂穗披碱草及其他种，也有部分研究得出不同结论。尤其是对该属的模式种老芒麦抗旱性的定位在各研究中存在较大出入。这一方面是由于不同研究者采用的研究方法和评价体系不同，表明目前的评价方法仍有待改进。另一方面可能与披碱草属植物分布范围广及野生种质资源更为丰富有关。

二、披碱草属植物抗寒性

披碱草属为青藏高原天然草地的建群种和优势种，且由于长期生长在高海拔地区，其抗寒性最为突出。然而，因属内不同种遗传背景不同，以及不同种、不同野生种质材料生境不同，造成披碱草属种质资源间抗寒性具有明显的差异。

垂穗披碱草是青藏高原地区的重要牧草，由于其在长期的适应性演化过程中形成一套完善的抗氧化防御系统，能够有效抵御低温损伤。垂穗披碱草耐寒性与种质有关，垂穗披碱草的耐寒性受遗传控制，不同种质之间存在明显差异。周瑞莲等（2001）对长期低温作用下垂穗披碱草进行研究发现，当环境温度降到0℃以下时，垂穗披碱草体内棕榈酸、亚油酸、亚麻酸比例发生变化，脂肪酸的不饱和度增大，这说明脂肪酸去饱和酶在披碱草属植物抵御冻害中的重要作用。施建军等（2006）在对退化披碱草属人工草地3种牧草适应性评价中得出，披碱草属牧草越冬率均接近100%，抗寒性很强，适应性随栽培年限延长而提高。张尚雄等（2016）对采自西藏不同地区的两个垂穗披碱草种质进行了苗期抗寒性综合评价，发现巴青垂穗披碱草的抗寒性最强，而那曲垂穗披碱草最弱。付娟娟等（2017）研究发现，相比于甘南垂穗披碱草，当雄垂穗披碱草能通过提高抗氧化酶活性有效清除体内活性氧的积累，减轻细胞膜系统受损伤的程度，以提高其抗寒性，进而通过RNA-Seq测序发现，抗寒的当雄垂穗披碱草在冷胁迫下有更多的基因表达上调，这些基因可能是维持当雄垂穗披碱草抗寒性的重要因子。梁坤伦等（2019）搜集自青海、甘肃和四川境内的10份垂穗披碱草种质资源，对其抗寒性进行综合评价发现，碌曲、卓尼县和阿坝县种质耐寒性最强，若尔盖种质耐寒性中等，临潭县、刚察县、夏河县、舟曲县、合作市和玛曲县种质耐寒性弱。高海拔材料通常表现出更强的对寒冷的抵抗能力（陈玖红等，2019）

虽然以上研究初步明确了垂穗披碱草如何响应低温胁迫，但关于该属植物如何适应冻害的机制研究较少。披碱草属植物一些代谢物及其代谢途径在响应低温信号网络调控中的作用仍待研究，披碱草属植物如何适应冻害的调控机制需进一步探究。

第四节 披碱草属植物耐盐碱性、重金属 胁迫及竞争性能

一、披碱草属植物耐盐碱性

引进的加拿大披碱草的耐盐性强于披碱草和老芒麦（刘锦川等，2010；刘

亚玲等，2016）。但也有研究表明，老芒麦的抗盐性比披碱草弱，但要强于肥披
碱草、垂穗披碱草和麦薲草。然而，杨月娟等（2014）的研究表明，高盐胁迫
（≥150mmol/L NaCl）下，垂穗披碱草的耐盐性强于老芒麦。贾倩民等
（2014）在宁夏盐池县次生盐碱地的引种实验发现，垂穗披碱草的耐盐性高于从
美国引进的细茎披碱草。王传旗等（2016）通过对西藏 3 种野生披碱草的研究
却发现，老芒麦萌发期的耐盐性高于垂穗披碱草和披碱草。NaCl 对披碱草属植
物种子萌发有较大影响，且不同地域该属植物受 NaCl 胁迫的影响不同。祁娟等
（2017）研究发现，超干处理可以在一定程度上抑制垂穗披碱草种子受碱胁迫时
有害物质的积累并降低脂质过氧化对植物组织的伤害，垂穗披碱草种子在含水量
为 4.67%，碱液浓度为 25mmol/L 时明显促进种子萌发及幼苗生长。

以上这些研究表明，不同生境相同种的野生种质资源，由于长期生长在不同
盐渍化生境，其耐盐性存在较大差异。此外，导致各材料耐盐性差异的还有各项
研究中盐的成分、浓度不同。目前为止，对披碱草属植物耐盐生理机制的研究极
少，仅有零星的研究通过测定盐胁迫下各组织中离子和矿质元素的积累探讨披碱
草响应 Na^+ 毒害的生理机制。贾亚雄等（2008）发现，耐盐材料叶片中具有较低
Na 含量和较高 K、Ca 含量，初步说明披碱草的主要耐盐机制可能是拒盐。因
此，披碱草地上部保持较高的 K^+ 含量和 K^+/Na^+ 比值可能是其耐盐碱的重要
机制。

二、重金属胁迫

有关披碱草属植物应对重金属胁迫的研究较少，但仅有的资料也暗示着该属
植物对重金属胁迫有一定的耐受性。

披碱草和老芒麦对铅具有较好的耐受性，且不同老芒麦种质资源间也存在较
大的差异（李慧芳等，2014）。披碱草对镉的耐受性较好，且地上部镉含量较
高，是较理想的镉修复材料（李希铭，2016）。Cu^{2+} 浓度低于 20mg/L、Zn^{2+} 浓度
低于 100mg/L、Mn^{2+} 浓度低于 50mg/L 时，对垂穗披碱草种子萌发影响不显著，
并且同种重金属离子对不同地区垂穗披碱草种子萌发及幼苗生长具有不同影响。
垂穗披碱草可以在治理被重金属污染土壤、修复土壤再利用过程中起重要作用
（李斌奇等，2019）。

内生真菌侵染能显著增加高镉（≥100μmol/L）胁迫下披碱草种子萌发及幼
苗 Pro、MDA 和抗氧化酶活性，提高对镉的耐受性（刘勇等，2016）；外源柠檬
酸、苹果酸和草酸对披碱草镉耐受及富集具有明显影响，外源添加柠檬酸、苹果
酸和草酸能显著提高披碱草对镉胁迫的耐受性。添加适宜浓度的外源小分子有机
酸，使披碱草生物量增加，缓解 Cd 对披碱草的毒害作用，促进根系镉向地上部

转运，提高披碱草地上部镉积累量，进一步强化披碱草修复镉污染土壤的效率（薛博晗等，2019）。

目前为止，对披碱草属植物重金属胁迫的耐受机制还未见报道。虽然零星报道表明外源有机酸可以提高披碱草属植物对重金属的耐受性，但有关有机酸处理的最适浓度以及披碱草在不同浓度镉污染土壤分泌有机酸种类及浓度均鲜见报道。

三、其他胁迫

张小娇等（2014）通过盐和温度互作对垂穗披碱草种子萌发和幼苗生长的影响研究发现，种子发芽率随盐浓度升高表现为先升高后下降，当 NaCl 浓度为 0.6% 时，发芽率达到最大。盐胁迫解除后，在较低温度条件下垂穗披碱草种子仍有较高发芽率，中盐（0.6%）与较低的变温处理互作使垂穗披碱草种子的总发芽率高于对照。盐胁迫下，15℃/25℃ 的变温最有利于幼苗苗长和根长的生长，高于或低于此温度，苗长和根长均被抑制。马晓林等（2016）分析了垂穗披碱草和老芒麦幼苗对盐及低温的复合响应。盐胁迫能够诱导垂穗披碱草和老芒麦根尖细胞内 H_2O_2 的积累，导致根尖细胞大量死亡，但低温却能缓解盐胁迫对老芒麦的损伤，该研究认为低温诱导增强了老芒麦中 CAT 活性，清除了部分 H_2O_2，使根尖 H_2O_2 的积累减少，进而减轻了盐对根尖细胞的损伤程度。王传旗等（2017）的结果表明，低温和 PEG6000 处理均能抑制老芒麦种子的萌发，低温+渗透胁迫处理的抑制更为明显。

植物在其一生中往往不止受到单一环境因子的伤害，多数情况下需要面对多个因子带来复合胁迫。我国对披碱草属植物多重胁迫抗性方面研究也较少，而且由于研究起步较晚，直到近两年才有相关研究，并且研究的都很浅显。因此，应加强披碱草属植物对复合因子胁迫的抵抗能力研究。

四、披碱草属植物竞争性能

邱正强等（2006）对甘肃马先蒿"黑土型"退化草地垂穗披碱草人工草地的影响研究表明，甘肃马先蒿的侵入，严重降低了垂穗披碱草的盖度和密度，使其生物量降低了 75%，当甘肃马先蒿侵入使垂穗披碱草的覆盖度≤70% 时，给其他更多的物种造成发展空间，群落物种数量开始增加。采用化学防除可控制甘肃马先蒿的侵入和扩散，并维持垂穗披碱草人工草地的质量。顾梦鹤等（2011）对施肥和刈割对垂穗披碱草、中华羊茅（Festuca sinensis）和羊茅（Festuca ovina）种间竞争力影响研究表明，垂穗披碱草的竞争力最强，中华羊茅次之，羊茅最差。周华坤等（2007）对高山草甸垂穗披碱草人工草地群落特征及稳定性研究表明，垂穗披碱草人工、半人工草地地上生物量和高度的增长趋势符合"慢（初期）—快（中期）—慢（后期）"的"S"形规律，植被盖度的增长趋势符合"快（初期）—慢（中期）—慢（后期）"的规律。

近几年，尽管有关披碱草属植物耐盐碱性、抗重金属胁迫和竞争性的研究相对较少，但仅有的研究说明披碱草属植物对盐碱地改良及污染土壤的修复起着重要作用。由于供试材料原始生境复杂多样，评价指标体系及综合评价方法的选择存在很大差异，得到的结果不尽相同，而且绝大多数研究集中在对属内不同种和（或）不同品种的抗逆性评价方面，涉及机理研究的极少，关于该属抗逆分子机制的研究很少。尽管个别的文章对这方面有所涉及，大多并没有得出明确的结论。因此，披碱草属植物抗性研究深度亟待提高。随着分子生物学和生物信息学的快速发展，今后在这一领域的研究应以探索其抗逆机制为主，重点关注抗逆基因的挖掘，为优良种质的选育及遗传育种工作奠定基础。

第九章　披碱草属植物育种

披碱草属植物属于异源多倍体，由小麦族多种不同属植物经过多次杂交而成，其潜在二倍体祖先包括拟鹅观草属、大麦属、冰草属、澳冰草属和一个未知来源植物。该属具有抗寒、抗旱、蛋白质含量高等许多优良特性，是麦类作物和牧草现代育种潜在的巨大基因库。其中已有一些种成功地与普通小麦进行了属间远缘杂交。因此，披碱草属植物被认为是一种研究植物系统演化、基因渐渗及植物多样性的理想材料。

第一节　披碱草属植物的杂交育种

一、披碱草属植物在杂交育种中的应用

杂交是一种较传统的方法，虽已有 200 多年的历史，但至今仍是国内外应用最广泛、最重要且有效的种质创新和育种手段之一。通过合理选配亲本进行杂交，其后代经过单株选择、混合选择、集团选择或轮回选择等，能培育出某些数量性状超出双亲的牧草新种质材料和新品种。

披碱草属植物有 150 余种，包含有 StH、StY、StHY、StYP、StYW 染色体组的物种。该属牧草适应性强，品质优良，饲用价值极高，还具有高产、抗病虫、抗旱等优良基因。因此，作为远缘杂交改良和培育新品种的基因资源库，披碱草属植物具有潜在的经济价值。

披碱草属大约有 75% 的种是四倍体，它含有一个拟鹅观草属的染色体组（SS）和一个芒麦草属的染色体组（HH），许多披碱草属的四倍体物种也是SSHH异源四倍体，如欧洲的阿拉斯加披碱草、中亚的细披碱草、北美的加拿大披碱草和南美的野生披碱草。披碱草属中的六倍体也比较普遍，但八倍体很少见，不到5%。

在披碱草属内，种间杂交也是一个常见的现象。Dewey 通过大量的披碱草属内杂交组合的研究发现，披碱草四倍体的杂交都是可行的。如加拿大披碱草（*E. canadensis*）几乎可以与北美东部披碱草属内所有种进行杂交，而且和北美西部的种（包括 *E. glaucus* 和 *E. cinereus*）均能杂交，此外披碱草属内的四倍体

牧草和老芒麦间获得了杂种。

利用杂交优势是小麦族多年来育种工作的难点和重点，而远缘杂交是主要的手段和措施。隶属于小麦族内披碱草属的有些种与其他禾草的属间杂交能力很强，特别是与冰草属 Agropyron、大麦属 Hordeum、鼠尾草属 Sitanion 等。

有关披碱草属植物远缘杂交研究，国外学者曾利用小麦族的一些多年生属（如大麦属、冰草属、猬草属）植物与披碱草属的部分种进行了一些属间远缘杂交，并对披碱草属内的部分种进行过一些种间杂交，例如 E. canadensis×Hordem bodanii、E. canadensis × Agropyron libanoticum、E. canadensis × E. triticoids、E. sibiricus×E. dahuricus、E. virginicus×E. canadensis 等，均获得了杂种 F₁ 代，这些研究多数为同倍数（四倍体间或六倍体间）的种、属间杂交，其目的是探讨种、属间的亲缘关系，并确立其系统分类地位，而在远缘杂种不育性克服、杂种优势利用和后代品种选育方面的研究报道较少。

尽管大多数披碱草属的种是自花授粉的，但它们与其他自花授粉种的远缘杂交频率仍很高。披碱草属的染色体组成分（SHY）也有助于属间杂交，它的 S 和 H 染色体组可以单个，也可以一起出现在拟鹅观草属（S）、芒麦草属（H）、偃麦草属（SX）和牧场麦属（SHJN）中，这样就提供了与这 4 个属间杂交的染色体组基础，披碱草属也能与不带 S、H 或 Y 染色体组的属，如冰草属、新麦草属、滨麦属和类麦属杂交。但 Dewey 的细胞遗传学资料表明，这些属的亲缘关系相近。实际上 Bowden、Carnahan、Dewey、Hanziker、Sadasivaiah、Sakamoto、陈廷文等人已报导过披碱草属与以上各属间所产生的大量属间杂种。

二、披碱草属杂交种的染色体特性

披碱草属物种呈现复杂的网状进化特征，种间杂交基因渗透普遍存在。披碱草属内各种间形态差异较大，在自然条件下容易发生种间杂交，杂种优势明显。刘育萍（1994）发现了老芒麦与披碱草的种间天然杂交植株，植株表现出晚熟特点，晚熟老芒麦与披碱草天然杂交种在穗部形态上介于双亲之间，表现为半弯的镰刀状，在植株形态上介于双亲之间并偏向于晚熟老芒麦，染色体数为 2n = 35（StStHHY），且为雄性不育。卢宝荣（1994）在关于披碱草属老芒麦和垂穗披碱草杂种 F₁ 的花粉母细胞减数分裂染色体配对观察中也得到类似的现象，杂种的染色体配对频率也比较低，推测是由于两亲本的亲缘关系较远造成的。王秋霞（2012）综合了天然杂种的育性、染色体组组成、形态特征以及伴生植物，发现了披碱草和垂穗披碱草杂交而来的种间杂种，以及垂穗披碱草和短颖鹅观草间的属间杂种。多倍体物种的形成不是通过一次简单的天然杂交、加倍形成的，而是一个复杂的网状进化过程，并通过不同基因组间不同染色体的结构重排并逐步达到遗传平衡后才能成为一个稳定的新物种。武盼盼（2016）揭示在同域分布的披碱草属物种 *E. alaskanus*、*E. caninus*、*E. ibrosus* 和 *E. mutabilis* 之间发生了种间杂交基因渐渗，存在双向或单向的基因流，甚至在亲缘关系很远的物种间，披碱草属也可发生种间杂交基因渗透，这在一定程度上揭示了同域分布的披碱草属种间杂交基因渗透不仅发生在近缘种间，而且在亲缘关系很远的物种间也可能发生。刘晓燕（2017）对川西北高原披碱草属天然杂种的染色体组组成进行了研究，10 份天然杂种与披碱草属的老芒麦十分相似，它们具有披碱草属物种的典型特征：每节着生 2 个小穗，颖披针形，内外稃等长等特点，推测这些天然杂种可能是披碱草属内的杂种或披碱草属物种与小麦族中其他属的物种间的杂种。陈丽丽等（2018）对川西北地区披碱草属天然杂种材料的育性及细胞染色体特征进行分析表明，花粉可育率及结实率均为 0，体细胞染色体数目均为 35 条，且微核、落后染色体、染色体桥及染色体不均等分离等异常现象普遍存在。染色体配对行为不规则及减数分裂异常是造成供试材料不育的细胞遗传学原因。

披碱草与野大麦进行远缘杂交，得到的杂交种 F_1 出现了高度不育的现象。为了使杂交种 F_1 克服不育的状况，王文学（2018）利用秋水仙碱处理后进行野大麦×披碱草 F_1 倍性鉴定，野大麦染色体数目为 28，披碱草为 42，杂交种 F_1 为 35。秋水仙碱处理后得到的结实株相比于杂交种 F_1，在外部形态上表现出植株更加高大，叶片长、宽、厚均超过杂交种 F_1，叶色加深，在结实性方面，杂交种 F_1 高度不育，结实率为 0，而处理后材料结实率大部分超过了 50%。

路兴旺等（2019）对采自青海高原披碱草属种间天然杂种进行细胞学鉴定，同时结合物种分布及形态学特征，共揭示 6 种不同天然杂种的类型。第一类为垂穗披碱草和鹅观草属物种间的天然杂种，染色体数为 35，染色体组成为 StStYYH；第二类为垂穗披碱草和达乌力披碱草种间杂种，染色体数为 42，染色体组成为 StStHHYY；第三类为达乌力披碱草和老芒麦种间杂种，染色体数为 35，染色体组成为 StStHHY；第四类为垂穗披碱草和糙毛以礼草种间杂种，染色体数为 42，染色体组成为 StStYYHP；第五类为垂穗披碱草和大颖草种间杂种，染色体数为 42，染色体组成为 StStYYHP；第六类为糙毛以礼草和赖草种间杂种，染色体数为 35，染色体组成为 StYPNsXm。

鹅观草属与披碱草属是小麦族中最重要的两个多年生属，它们大多是我国优良的牧草或用于改良普通栽培小麦的优良种质，其研究一直受到全球学者关注。张海琴等（2010）通过人工远缘杂交，成功获得老芒麦与大鹅观草及鹅观草与Wawawai 披碱草属间杂种 F_1 植株。分析杂种减数分裂染色体配对行为显示：*E. sibiricus × R. grandis* 染色体配对构型。老芒麦与大鹅观草存在一个染色体组的部分同源关系（St），鹅观草与 Wawawai 披碱草具有两对同源的染色体组（St

和 H）。研究结果支持大鹅观草具有 StY 染色体组，鹅观草属与披碱草属具有不同的染色体组组成，应为两个独立的属。

植物远缘杂种的育性主要受亲本染色体组型差异影响。一方面是杂种的染色体数量不平衡，减数分裂时染色体就不能正常联会，出现单价体或多价体，导致染色体分离不均衡，引起不孕；另一方面是两亲本的染色体组不完全相同，导致杂种减数分裂时，染色体联会松弛（棒状二价体较多）及不联会的现象而引起不育。在已开展的披碱草属相关杂交育种工作中，由于亲本染色体组型差异较大而获得不育的杂交后代例证很多。

三、披碱草属植物杂交后代的生育期、产量及品质表现

利用披碱草与野大麦进行远缘杂交，正反交均获得杂交种子及 F_1 代植株。杂种 F_1 代不育，但 F_1 代分蘖增多，生长期延长，叶量丰富，具有明显的育种潜力（王照兰等，1997）。加拿大披碱草×野大麦属间杂种 F_1 代植株发育节律较晚，其生育期为 151d，较母本加拿大披碱草早 9d，比父本野大麦晚 37d，开花期长 20d，与母本的花期部分相遇。生长日数 218d，继承了父本野大麦果后营养期长的优良特性，这对以后杂种后代青绿期长的单株选择提供了有价值的遗传依据。于卓等（2003）同时研究了加拿大披碱草与披碱草种间杂种 F_1 的生长、形态和花粉育性，结果表明，杂种 F_1 生长势明显超过双亲，平均株高 149.3cm，穗型呈双亲中间型，生育期偏向父本。加拿大披碱草×披碱草杂种 F_1 从返青期至果穗成熟期为 139d，即生育期较加拿大披碱草早 8d，F_1 开花期持续时间为 25d，较加拿大披碱草早 8d，开花期与其父母本基本相同；F_1 果后营养期长，枯黄期晚，生长日数与加拿大披碱草一致，为 197d，较披碱草延长 6d，继承了加拿大披碱草较晚熟的特性。加拿大披碱草—披碱草 F_1 生长速度明显超过双亲、加拿大披碱草—圆柱披碱草 F_1 生长速度介于双亲之间，株型均偏向加拿大披碱草，叶片长而宽，叶量丰富，穗子大，分蘖能力强（马艳红等，2007）。加拿大披碱草与老芒麦杂交一代（F_1）高度不育。生长第 6 年的加拿大披碱草和老芒麦及 F_1 代的返青期基本一致，但从拔节期开始出现差异，加拿大披碱草比老芒麦晚 30d 拔节，F_1 代比老芒麦晚 5d，比加拿大披碱草早 22d，加拿大披碱草的孕穗期、抽穗期、开花期及成熟期都相应的延迟，说明加拿大披碱草有明显的晚熟特性，而老芒麦则明显早熟，F_1 代介于二者之间，且偏向于父本（王树彦等，2004）。

侯建华（2005）研究羊草、赖草及其杂种 F_1 生物学特性表明，杂种 F_1 代全株在粗蛋白、无氮浸出物、粗灰分和 Ca 含量上表现出超亲优势，超亲本优势率分别是 0.71%、1.00%、22.72% 和 10.00%；在粗脂肪、粗纤维、磷等营养成分上都表现出负向超亲优势。敖特根白音等（2009）研究了圆柱披碱草×披碱草

（简称 Y×P）和披碱草×肥披碱草（简称 P×F）及亲本——披碱草、肥披碱草和圆柱披碱草的产量和品质特性。结果表明，两个杂种披碱草的产草量均显著高于亲本，茎叶比均显著低于母本，Y×P 的营养成分均不同程度的高于双亲，而 P×F 的营养成分均低于其双亲。

四、外源物质对披碱草属植物杂交的诱导效应

北美两个研究中心——堪萨斯州立大学和墨西哥国际小麦玉米改良中心，在披碱草属—小麦属杂交工作上取得了很大的成功。在进行披碱草属—小麦属杂交时发现，常需要用带赤霉酸的小花进行授粉后处理，并在人工培养基上进行胚培养。

云玲格（2016）在秋水仙碱溶液不同的处理浓度及不同的处理时间下，诱导披碱草×野大麦杂种 F_1 染色体加倍最适的处理浓度在 $0.15\% \sim 0.2\%$，最佳处理时间为 $12 \sim 24h$。秋水仙碱溶液对愈伤组织的处理发现，秋水仙碱溶液在开始的适应阶段即处理时间为 $12 \sim 24h$ 时，对愈伤组织的分化影响较小，随着时间的增加而增大。由秋水仙碱溶液处理过的愈伤组织长成的小植株变异率最适范围在 $24 \sim 48h$，且秋水仙碱溶液对已经形成的小植株的影响较小。秋水仙碱溶液处理再生小植株变异率的最适范围为 $48 \sim 72h$。这一区别说明秋水仙碱溶液作用于比较幼嫩的愈伤组织比直接作用于再生小植株处理时间要短，且在 $48h$ 时，变异率均达到最大。所以，秋水仙碱溶液在诱导披碱草 X 野大麦杂种 F_1 幼穗组织培养加倍过程中的最适时间为 $48h$。

种间杂交基因渗透有可能是披碱草属物种遗传多样性形成的一个重要驱动因子。尤其垂穗披碱草是高寒区最为引人关注的一个草种。垂穗披碱草可以与多个不同的披碱草属物种发生种间杂交，这种结果提示种间杂交有可能是高原地区垂穗披碱草物种遗传多样性形成的一个重要驱动因素，局部地域分布的垂穗披碱草多样性形成有可能受到同域分布披碱草物种杂交基因流的强烈影响。这些研究结果为进一步研究披碱草属种间杂交渐渗提供了重要参考资料，同时鉴定出的天然杂种可以作为潜在的种质资源在牧草或生态草育种中加以利用。

第二节　披碱草的无融合生殖特性

一、披碱草无融合生殖的研究与应用

Elymus rectisetus 为一种多年生的牧草，是目前小麦族中发现的唯一的无融合生殖种，属二倍性孢子形成类型，原产于澳大利亚和新西兰（高建伟等，

2002)。细胞学研究表明，E. rectisetus 为异源六倍体，染色体组成为 SSYYWW
（Torabinejad，1987）。由于无融合生殖能固定杂种优势，简化和缩短育种年限
（De Strooper et al.，1998），因此，E. rectisetus 无融合生殖及其向小麦中导入的
研究一直受到小麦遗传育种学家的重视。如何充分利用披碱草的无融合生殖特性
与普通小麦进行杂交，成为披碱草种质资源利用的一个热点。

普通小麦（$2n = 6x = 42$，AABBDD）与无融合生殖披碱草（$2n = 6x = 42$，
SSYYWW），虽然同属小麦族，但二者染色体组成相差较大，前者为 A、B、D 3
个染色体组，后者为 S、Y、W 3 个染色体组，二者杂交难度很大。Wang 等
（1993）首次获得了普通小麦与 E. rectisetus 的属间杂种 F_1（SSYYWW ABD，
$2n = 63$）及回交后代。在 1997 年，孙其信等利用胚拯救技术，对杂种幼胚进行
愈伤组织诱导、植株再生，获得了生长正常的属间杂种 F_1，并在幼苗期对所获
杂种用分子标记进行了鉴定，表明了杂种 F_1 为真杂种。这一属间杂种的获得为
进一步开展 E. rectisetus 无融合生殖基因向小麦转移奠定了基础。

无融合生殖披碱草与有性生殖披碱草均起源于澳大利亚和新西兰，具有相同
的染色体组成 SSYYWW，其形态特征非常相似。但是，二者与普通小麦杂交所
获得的杂种的形态特征相差很大。至于杂交后代偏向母本还是父本，Torabinejad
（1987）采用授粉后用 75mg/ L GA 处理的方法进行普通小麦与无融合生殖披碱
草杂交，获得 8 个杂种幼胚，但幼胚拯救失败，未获得杂种 F_1 植株。1991 年 Ah-
mad 等用类似于 Torabinejad 方法即授粉前后用 75mg/L GA 处理，结合幼胚拯救
技术获得了普通小麦与有性生殖披碱草（$2n = 6x = 42$，SSYYWW）属间杂种 F_1，
获得的普通小麦与非无融合生殖披碱草属间杂种 F_1 外形介于双亲之间，但接近
于母本普通小麦。同时也表明，如果授粉小花数足够多，授粉前后利用 GA 处
理，同时重复授粉，幼胚拯救，是进行普通小麦与无融合生殖披碱草或有性生殖
披碱草（$2n = 6x = 42$，SSYYWW）属间杂交的有效方法之一。栗茂腾
（2001）对普通小麦和专性无融合生殖披碱草进行杂交，为了克服杂种 F_1 不育和
增加杂种后代的遗传稳定性，对 F_1 进行了两次回交和两次自交而得到 BC_2F_2。采
用细胞学、RAPD 标记技术和胚胎学方法分别对 BC_2F_2 植株进行了鉴定和研究，
染色体数目为 42 条的 BC_2F_2 单株遗传组成与普通小麦遗传组成十分接近，但是
在部分单株中出现了披碱草的特异带。由此可以推测，经过回交和自交后披碱草
的部分染色体片段已经整合进了小麦的染色体。在部分 BC_2F_2 单株胚胎学切片中
发现了较高比例（5% 左右）的双孢原、早发胚以及多胚囊等无融合生殖现象，
直接表明了无融合生殖基因转移。由于基因整合的多样性，无融合生殖基因在有
些单株中并没有充分表达，从而造成了某些单株胚胎发育异常。

二、披碱草无融合生殖的潜力

关于无融合生殖披碱草在育种潜力和种质资源的研究上会显得越来越重要。小麦白粉病是我国和世界小麦生产中的重要病害之一，发掘和利用新的抗病基因，不断培育新的抗病品种是保持抗小麦白粉病持久性最为经济、安全和有效的方法。以往研究和利用的小麦白粉病抗性基因多来自小麦属内种间杂交及小麦与簇毛麦、山羊草等属间杂交。高建伟（2002）以普通小麦为母本，以 *E. rectisetus* 为父本进行杂交，经过幼胚拯救获得了属间杂种 F_1。对其小麦白粉病抗性鉴定结果表明，杂种 F_1 及父本 *E. rectisetus* 表现免疫，而母本普通小麦则表现高度感染白粉病。上述杂种的获得为将 *E. rectisetus* 无融合生殖基因及抗白粉病基因向小麦中转育奠定了基础。

无融合生殖是一种复杂的生物现象，对它的研究和利用非常艰难。人类在无融合生殖的细胞遗传学、胚胎学、组织学以及种间、属间转育等方面进行了广泛研究，创造了一大批有重要理论及实用价值的种间、属间杂种，其中与小麦、大麦属间杂种的成功获得为将无融合生殖转育到小麦族的重要栽培作物中展示了美好前景。但是，对目前发现的小麦族中唯一无融合生殖种的研究还远远不够。弄清控制无融合生殖基因数目及其遗传规律，进行无融合生殖分子标记和无融合生殖基因的染色体定位工作等，为最终将一些优良基因导入麦类作物中奠定基础。

第三节　披碱草属植物杂交育种和种质创新展望

一、披碱草属植物杂交育种存在问题

牧草种质资源是在长期演化过程中，由于突变、基因交流、隔离和生态遗传分化，经自然和人工选择而形成的，因此蕴藏着丰富的遗传基因。一些优良特性具有栽培和育种的重要价值，对人类具有重要作用。所以，牧草种质资源在世界上越来越受到关注和重视，逐渐发展成为草地科学中的新兴研究领域。对牧草起源和演化、亲缘关系等方面开展广泛研究，为相关学科的理论提供有力支撑。许多牧草的种质资源是主要农作物的近缘野生种，具有丰富的抗性基因，所以能为农作物改良提供优良基因。

欧美等畜牧业发达国家牧草种质创新研究表现为研究重点明确突出、研究材料相对集中、技术手段多样先进。欧洲、美洲、澳洲一些国家结合本国气候及资源特点，在运用远缘杂交、杂种优势利用方法等基础上，充分发挥基因连锁群、遗传作图、分子标记和 QTL 等现代生物技术，并将各种技术相互渗透，形成综合的多元化创新发展模式，并取得了突出成绩。这正是我国应该学习的牧草种质创新之路。

虽然经过近几十年努力，我国牧草种质资源创新研究已取得了巨大的成绩，但与国外畜牧业发达国家相比，仍有一定的差距。目前，我国牧草种质资源研究水平比较落后，尤其基因水平和分子水平的遗传多样性分析还没有广泛开展，这在一定程度上限制了牧草育种效率和遗传多样性的广泛应用。而且随着气候变化、环境恶化以及人类活动加剧，牧草物种及其遗传多样性正在受到严重威胁，许多牧草种质资源已经濒临灭绝。因此，借鉴国内外作物种质资源研究成熟技术和先进方法，对牧草种质资源进行科学保护、深入研究和合理利用具有重要意义。

二、披碱草属杂交育种方法及展望

在我国草地日益退化的今天，草地农业生态系统发展迫切需要培育出一批产量高、品质好、适应性强的优质牧草。在科研工作人员多年努力下，我国在这方面已做了大量的工作，并取得了一定的成果。利用种内杂交、远缘杂交、射线辐射、离子束注入、太空搭载、化学诱变及基因转化等技术方法进行种质创新研究已取得了长足的发展。但在小麦族披碱草属植物的远缘杂交育种研究方面目前仍处于起步阶段。初步统计，在 10 个种内至少有 15 个天然形成或人工创造的种间杂种（Bothmer et al. ，1991）。由此可见，披碱草属植物的远缘杂交育种有很大的发展空间。无论天然杂交种的产生还是人工培育的新种均说明披碱草属内种间杂交是可行的（严学兵，2006）。

披碱草属中的许多野生种，除了已经发现具有抗普通栽培小麦和大麦的一些病虫害和抗逆基因等，还有许多未知的优良基因有待于挖掘。小麦的基因组比棉花或水稻大 10~20 倍，转基因沉默现象、不稳定和重排在转基因小麦中是很正常的，这使得它比其他植物更难以进行可靠的基因转移。在麦类作物进行转基因时除了技术上难以操作和成功之外，没有更多合适的目标基因也是一个制约因素。大量在披碱草属植物中自然表达的优良基因特别是抗性基因，通过现代遗传和生物技术的方法从野生种类中转移到栽培小麦和大麦的遗传背景中来，也许是一种选择，也可降低转基因麦类作物的环境风险。因此，今后作为麦类作物远缘杂交的对象和提供更多优良基因仍是披碱草属植物遗传资源利用的热点和发展方向。

综合我国牧草种质资源创新研究进展发现，作为常规与新技术的结合纽带，生物技术应用将是现今及未来一段时间种质创新取得突破的主要切入点，在相关基因分子标记、优良基因发掘应用、基因组成、应用分子技术进行抗性改良及生物功能研究开发等领域将是未来种质创新及牧草生物技术研发的热点领域，具有广阔的发展前景。此外诸如辐射太空育种，在借助航空搭载的基础上获得变异种质，针对其特性研究及改良也是牧草种质创新的发展方向。在牧草种质创新方面，常规方法依然是种质创新的主要构成，仍起到主导作用，但针对不同草种相应合理化方法及技术将是未来该领域主要研发内容。总之，随着牧草种质创新进入分子领域时代，通过借鉴国外以及我国农作物的研究成果及草业工作者的不断努力，渴望在不远的将来，缩短与国外发达国家的差距，从而更好地服务于国家现代化建设及畜牧业、草业发展（徐春波等，2013）。

第十章 披碱草属植物种子特性

牧草种子是生产建设优质、高产人工草地和饲草料的遗传物质，也是发展草地畜牧业、治理国土和保护生态环境不可缺少的物质基础。随着人们对牧草经济价值和生态价值认识进一步提高，以及我国草地畜牧业不断发展，其作用显得日益重要。披碱草属植物具有重要的生态及经济价值，优质高产的披碱草属植物种子生产是促进我国草地生态及畜牧业现代化的重要举措之一。

第一节 披碱草属植物种子活力

一、影响披碱草属植物种子萌发的因素

1. 水分对披碱草属植物种子萌发的影响

在垂穗披碱草种子发育过程中，种子含水量呈现由高到低逐渐降低趋势。在发育早期，种子已具有一定的生活力，但活力很低，随着种子成熟度的增加，种子的活力逐渐增强，垂穗披碱草在盛花期后第16天，种子活力已达到较高水平（乔安海，2005）。在干旱胁迫下，垂穗披碱草种子萌发期抗旱性较高羊茅和黑麦草强（郭小龙等，2020）。披碱草种子在20℃下贮藏时，含水量介于2.58%~4.47%的种子能保持较高的发芽率、SOD活性、POD活性及较低的MDA含量。披碱草种子最适贮藏含水量为3.83%~4.47%，过高（9.03%）或过低（1.26%）的含水量不利于披碱草种子的保存。在含水量适度的情况下，披碱草种子具有较好的耐贮藏性，利用超干技术保存披碱草种子是可行的（徐炜，2010）。随着种子不断成熟，垂穗披碱草种子产量和质量都逐渐增加，垂穗披碱草在盛花期后第28天，种子产量达到最高。

2. 披碱草属种子萌发最适宜温度

披碱草种子抗寒性较强。将披碱草种子放入3~6℃冰箱中发芽，历经17d发芽率可达82.2%。由于多数种子在10℃以下萌发不启动或启动极为缓慢，所以常把10℃作为种子的临界萌发温度，也有将10℃作为种子受冷害的温度（徐本美等，2002）。披碱草种子可以在3~6℃中萌发，并保持较高的萌发率，实属罕

见。张众等（1990）曾指出披碱草的最低发芽温度为5℃，但未有在此温度下的发芽记录报道。曾霞等（2011）研究表明，所有供试垂穗披碱草种子在5~35℃条件下可萌发，在40℃及以上不萌发；以20℃、25℃和30℃发芽最快，发芽率在3d内可达最大值，垂穗披碱草种子萌发的最低温度、最适温度和最高温度的平均值分别为4℃、24℃和38℃，种质间无显著差异。建议垂穗披碱草种子的适宜检验温度为20℃、25℃和30℃恒温，初次和末次的适宜统计时间分别为第3天和第11天。周晶等（2019）在恒温25℃和变温20℃/30℃处理条件下，垂穗披碱草种子萌发均达到了最佳响应。

整体看来，披碱草属植物种子萌发的适宜温度范围为5~30℃，最适温度为20~30℃。披碱草属植物种子具有明显的后熟性，后熟期一般为1.5~12个月。披碱草属植物萌发时消耗营养物质量较少，一般为种子重量的6.85%~14.8%，刺破种皮和变温处理是促进披碱草属植物后熟、提高其萌发能力的有效手段。

3. 贮藏时间对披碱草属种子的影响

披碱草属牧草种子在低温条件下，可以保持较高的活力水平，但贮藏3年后种子发芽率急剧下降（毛培胜等，2003）。收获当年，披碱草属牧草种子均存在不同程度的休眠，随贮藏时间的延长，披碱草种子的生活力、发芽势、发芽率、活力指数和种苗干质量均呈"抛物线"变化，其生活力、发芽势、发芽率、活力指数、种苗干质量以及电导率均与贮藏时间有显著的相关性。张东晖等（2008）发现贮藏2~3年的种子具有最佳的种用价值，贮藏4年的种子可保持较高的活力，可用于播种，贮藏6年的种子活力骤然下降，不宜用作播种，贮藏14年的种子已丧失活力。张苗苗（2011）和陈仕勇等（2018）研究发现，常温贮藏的种子贮藏1~2年的种子利用价值较佳，贮藏4年的种子活力较低，贮藏4年以上种子活力完全丧失，而低温条件下贮藏的种子的活力始终保持较高水平。王勇等（2012）研究亦表明，在自然条件下贮藏，老芒麦种子活力下降较快，发芽率、发芽势、发芽指数、活力指数随贮藏年限的增加呈下降趋势，贮藏超过6年其种子活力极大丧失。

4. 老化对披碱草属种子的影响

随着老化时间增加，加拿大披碱草和老芒麦种子相对发芽率和相对发芽势整体呈下降趋势，而加拿大披碱草种子在自然贮藏1年后和人工老化初期，其相对发芽率和相对发芽势都呈升高趋势。自然贮藏和人工老化条件下加拿大披碱草和老芒麦种子脱氢酶、酸性磷酸酯酶、CAT、POD和SOD活性变化都随着老化时间的延长呈总体降低趋势，人工老化加速了种子的老化进程。披碱草种子老化过程中，相对发芽率和相对发芽势在老化初期升高，随着老化时间增加而较快降低。自然贮藏期超过 3 年者，利用价值大大降低。老芒麦种子在老化过程中相对发芽率和相对发芽势降低较快（张苗苗等，2012）。随着老化时间延长，黑紫披碱草和老芒麦种子发芽率、发芽势、发芽指数、活力指数呈下降趋势，老芒麦种子下降幅度高于黑紫披碱草和垂穗披碱草，这说明垂穗披碱草和黑紫披碱草种子的抗老化性要大于老芒麦（吴浩等，2014）。

人工加速种子老化是在人为条件下对种子进行加速老化处理使种子活力迅速丧失的过程，可在短时间内研究在自然条件下需要很长时间才能产生的劣变过程，是研究种子劣变规律的有效途径。目前常采用的老化处理方法为 Delouche 等（1973）提出的高温（40℃）高湿（100%RH）老化法及 Bhattacharyya 等（1985）提出的（58+1）℃热水老化法。

高温（40℃）和高湿（100% RH）人工老化处理后，老芒麦种子的活力指标、抗氧化酶活性和可溶性蛋白含量均随老化时间的延长而下降；而电导率、丙二醛含量、脯氨酸和可溶性糖逐渐升高。老化处理抑制老芒麦的萌发，随老化程度加深，细胞膜结构和功能遭到破坏（付艺峰，2014；韩亚琼，2018）。

老芒麦种子在（58±1）℃热水中老化适宜时间为 3～6min，也是老芒麦种子各项活力指标变化的拐点。随着老化时间的延长，各项活力指标呈现下降的趋势。从整体来看，相对发芽势的下降先于其他活力指标，而且下降幅度均大于其他指标，其次为相对活力指数、相对发芽指数和相对发芽率，从而得知人工老化后种子活力的下降先于生活力的下降。随着老芒麦种子老化时间的延长，幼苗的芽长和根长随着人工老化时间的延长而变短，并且种子老化对幼芽的生长比幼根的影响程度大。种子老化引起的老芒麦干种子基因组 DNA 分子片段的消失或颜色渐浅，出现特异 DNA 片段，且种子老化引起的 DNA 片段的丢失和增加是随机的。老化后老芒麦种子的扩增位点数、多态性位点数和多态性位点比例降低，遗传多样性减少，老化程度越深，下降越多，老化后老芒麦种子遗传结构发生改变，遗传变异频率降低，遗传完整性被破坏（周国栋，2012）。

目前，种子老化机制还不清楚。但研究发现在种子老化的过程中，种子内部的物质会发生一系列生理生化变化，同时遗传物质结构也会发生变化。种子老化程度加深，种子活力降低。随着老化的加深，种子基因组 DNA 的损伤是随机发生的（吴浩等，2014）。付艺峰（2015）对老芒麦种质遗传完整性研究发现，老化后老芒麦种子遗传结构发生改变，遗传变异频率降低，遗传完整性被破坏，老化程度越深，变异越严重。

5. 盐分对披碱草属种子萌发的影响

种子萌发期是对盐分作用最敏感的时期，植物种子是否在盐分胁迫下发芽、发芽快慢、种子活力状况对于其能否在盐渍地上生存至关重要。利用 Na_2CO_3 胁迫牧草种子，结果发现，种子累计发芽率、种子活力、胚芽长度、胚根长度均随着 Na_2CO_3 胁迫浓度的升高而降低，其耐盐性强弱顺序是野大麦>披碱草>肥披碱草>老芒麦>无芒雀麦（苏慧等，2005）。对于肥披碱草种子萌发而言，盐碱对其种子萌发具有明显的抑制作用，种子萌发率不但与盐碱浓度之间呈显著的负相关，而且不同种类的盐碱处理对肥披碱草种子的萌发具有不同的影响，盐的胁迫作用低浓度时 NaCl 大于 Na_2CO_3，高浓度时 NaCl 小于 Na_2CO_3（李亭亭等，2009）。

披碱草属不同种对盐胁迫的响应不同。通过检测垂穗披碱草种子在盐胁迫逆境下生理生化变化，并与老芒麦进行比较，垂穗披碱草具有一定的抗盐性，而且较老芒麦强（杨月娟等，2014）。不同的单盐浓度对老芒麦、垂穗披碱草和披碱草野生牧草种子发芽的影响很大，随着盐浓度增加，种子发芽率、发芽势、相对发芽率、萌发指数和活力指数不断下降；当盐浓度为 1.6% 时，披碱草、垂穗披碱草种子发芽率、发芽势、萌发指数、相对盐害率等均为 0，即种子萌发受到了完全抑制（王传旗等，2016）。

二、披碱草属种子萌发的促进效应

1. 植物生长调节剂对披碱草属种子萌发的影响

针对阿坝垂穗披碱草种子存在休眠期长、种子发芽率低、幼苗活力较低等问题，雷雄等（2016）采用生长调节剂浸种的方法，研究了不同浓度的细胞分裂素（6-BA）、矮壮素（CCC）、多效唑（PP 333）对阿坝垂穗披碱草种子萌发影响。低浓度（10~30mg/L）的 6-BA 可以促进阿坝垂穗披碱草种子萌发和胚芽的生长，提高种子的发芽率、发芽势、发芽指数和种子活力，其中以 10mg/L 处理效果最好。随着 6-BA 浓度的提高，种子萌发效果有所降低。PP 333 与 CCC 降低了发芽率、发芽势、发芽指数和活力指数，显著抑制了种子的萌发和幼苗的生长，其抑制效果随其浓度的增加而增加。在 6-BA 不同浓度处理下，所有处理均在第 5 天开始发芽，随着发芽天数增加，种子日发芽数整体呈先降后增再降趋势。适当浓度的 6-BA 还能缓解盐胁迫下种子的萌发、幼苗的生长发育。20mg/L 6-BA 处理缓解盐胁迫造成植株受伤害的效果显著，而不同浓度 6-BA 处理下，100mmol/L 盐胁迫对植株伤害较小。

2. 稻壳基高吸水树脂对披碱草种子生长发育的影响

张小舟等（2018）利用制备的稻壳基高吸水树脂进行沙土地披碱草的种植研究，结果发现，高吸水性树脂（SAP）的添加能有效提高种子出苗率，并显著增加植株的干、鲜质量，当施用量为 12g/m² 时，种子的出苗率达 85.9%，是对照组的 2.74 倍。植株的干、鲜质量分别是对照组的 2 倍和 3.375 倍，综合效果最好。

3. 艾蒿对披碱草生长的化感作用

刘桂霞等（2012）研究了艾蒿对冰草和披碱草生长的化感作用。在种子萌发时期，艾蒿茎、叶水浸提液对披碱草的化感作用不明显，在幼苗生长时期，艾蒿茎、叶水浸提液对披碱草幼苗芽长和根长的化感作用显著，其中披碱草的根长受到了艾蒿水浸提液的显著抑制，且抑制作用随水浸提液梯度升高而加强，这说明艾蒿茎、叶对披碱草存在一定的化学抑制作用。因此，为了恢复和扩大天然草地优良牧草的比重，建议在天然草场中应尽量减少艾蒿凋落物量的积累。

4. 催芽剂对披碱草种子萌发的影响

催芽剂能使披碱草种子提早萌发，并提高种苗的生长势及抗逆能力，尤其是在偏低温及盐害逆境中，效果更为显著，为披碱草种子在青藏高原加速出苗和幼苗的快速生长，探索了一条有效途径。披碱草适应环境的能力较强，其种子发芽并不困难，但在青藏高原，因受气候条件的限制，播种期晚（5—6 月），第 1 年生长期短，苗期生长缓慢。因此如何提高种子的活力，达到早出苗、出壮苗、出齐苗，仍然是一项需要研究的科学问题。

第二节　披碱草属植物种子产量与质量

一、种植方式对披碱草属植物种子产量的影响

郭树栋等（2003）探讨了在青海省环青海湖地区建立垂穗披碱草种子田最佳播种量和播种行距。垂穗披碱草播量为 15kg/hm² 较适宜，播量与行距的配置为 22.5kg/hm² 和 30cm 时产籽量最高。游明鸿等（2012）研究表明，30~45cm 行距适合老芒麦鲜草生产，60cm 行距是种子生产的最佳行距，鲜草产量、种子产量第 3 年达高峰；适宜密度和施氮量能增加老芒麦种子发芽势和发芽指数，在低密度（258 700 株/hm²）施氮（60、90kg/hm²）和高密度（715 200 株/hm²）施氮（120kg/hm²）条件下收获的老芒麦种子的发芽指数较高，发芽势可达 48.33%、47.66% 和 49.33%，大大增加了田间出苗率及种子萌发活力（罗金等，2020）。

二、施肥种类对披碱草属植物种子产量和质量的影响

1. 氮肥、磷肥和钾肥对披碱草属植物种子产量和质量的影响

如果其他条件不受限制的话，氮肥是影响禾本科牧草种子生产最重要的因素。谢国平（2009）研究表明，施氮肥可以提高西藏野生垂穗披碱草种子产量，改善种子产量组成，能够显著促进其生殖枝和每小穗种子粒数，千粒重也随之增加；不同氮磷处理对老芒麦种子产量组分、产量以及对不同生育期老芒麦根系生长也有明显影响。施 90kg N/hm² 时，种子产量达到最高为 592.26kg/hm²，施 90kg P/hm² 时，种子产量达到最大为 680.61kg/hm²，磷肥主要通过影响分蘖数、生殖枝数和小穗数来提高产量，氮磷互作对千粒重影响显著（赵利，2012）。施钾可增加垂穗披碱草种子产量，施钾种子产量为 221.8kg/hm²。分蘖期施钾潜在种子产量和表现种子产量均最高，为 2 803.8kg/hm² 和 1 040.2kg/hm²（田福平等，2010）。

施用效果因施用肥料种类的不同而不同，通过对垂穗披碱草施用不同肥料发现，效果最好的是磷酸二铵，效果次之的是尿素，效果最差的是过磷酸钙。不同施肥量的同种肥料以 225kg/hm² 比 150kg/hm² 和 75kg/hm² 种子产量高，且效果最好的是施磷酸二铵 225kg/hm²。肥料施量间、肥料品种间对种子产量的影响差异显著（刘国彬等，2003）。

2. 微量元素对披碱草属植物种子产量和质量的影响

喷施微量元素对贮藏 3 年后的种子萌发力有一定作用，提高了老芒麦种子的耐贮性，其中钼（Mo）对种子耐贮性有显著影响。喷施微量元素 B、Mn、Zn、Mo 对老芒麦种子的耐盐性有增强的作用（师桂花，2006）。施用微量元素及叶面施肥对垂穗披碱草种子也有影响。随着供铁浓度的增加，垂穗披碱草根中锰和钙的吸收减少，但没有影响其向地上部的转移，地上部仅在缺铁时锰和钙的积累增大，高浓度供铁，减少了植物中氮的积累，不同供铁水平对镁、硫、磷、钾的吸收影响不大。铁的适宜供应，促进了垂穗披碱草的正常生长（周志宇等，1999）。

3. 施肥方式对披碱草属植物种子产量和质量的影响

施肥方式对牧草种子产量也有明显的影响。最佳的氮肥用量是分施，最好的分施组合是秋 60kg/hm²+春 60kg/hm²，共施氮量是 120kg/hm²。在这种分施组合下可以达到最高种子产量，即 1 856kg/hm²（乔安海等，2006）。对老芒麦而言，种植 2 年老芒麦施肥的种子产量提高要高于种植 3 年的老芒麦施肥。老芒麦种子生产时，行距与施肥量是影响老芒麦产量的关键因素，行距 40cm、追复合肥

225kg/hm² 时牧草产量最高，行距 60cm、追复合肥 225kg/hm² 时种子产量最高（游明鸿，2011）。肥药混施对老芒麦分蘖、生长速度和生产性能等有显著影响。"尿素 7 500g/hm²+磷酸二氢钾 300g/hm²+盖阔（除草剂）27g/hm²""尿素 7 500 g/hm²+速效（除草剂）75g/hm²"和"尿素 15 000 g/hm²+磷酸二氢钾 300g/hm²+速效（除草剂）75g/hm²"3 个组合拔节期混施有利于老芒麦种子生产。肥料与除草剂混施可减少田间作业次数、降低管理成本、达到增肥和除草的双重效果，值得在生产中推广与应用（游明鸿，2011）。叶面肥对种子产量有较大影响，叶面肥主要是增加垂穗披碱草生殖枝数，从而提高种子产量（赵殿智等，2008）。

三、收获时间对披碱草属植物种子质量及产量的影响

在播种当年披碱草属牧草在大部分区域会出现只抽穗不结实的情况，翌年返青时间在 4 月下旬至 5 月上旬，抽穗开花时间在 6 月中旬到 7 月下旬，8 月中下旬的时候种子成熟（刘蓉等，2010）。将披碱草种子含水量作为确定种子适宜收获期的指标是可取的，披碱草种子含水量在 35%~40% 时为该草的适宜收获期（王立群等，1996）。在青藏高原东部地区垂穗披碱草在盛花期后第 25~31 天，种子含水量下降到 42%~36.59% 时，种子活力处于很高水平，种子产量接近最高值，此时为适宜的种子收获期（乔安海，2005）。在进行西藏野生垂穗披碱草种子人工繁育过程中，其种子的最佳收获时间为盛花期后第 22~28 天，种子干重和种子产量接近最高值（谢国平，2009）。毛培胜等（2003）以生长 2 年和 3 年的老芒麦为材料，研究不同收获时间对老芒麦种子质量和产量的影响。在盛花期后 12~15d 收获的老芒麦种子发芽率已达到 90%，在盛花期后 26~27d，收获的种子其活力水平达到最高，可以获得较高的种子产量，延迟收获则种子产量呈下降趋势。生长 3 年老芒麦同生长 2 年老芒麦相比，其种子产量下降 50% 左右。

四、海拔对垂穗披碱草种子产量及构成因素间的关系

不同海拔条件形成水、热、光条件各异的小气候，进而影响种子萌发、幼苗存活及其植物生长发育、物质代谢和结构功能等。在青藏高原区，海拔、纬度、经度、年均降水量和年均温对垂穗披碱草繁殖性状均有不同程度的影响，其中海拔和年均温对每生殖枝小穗数和穗长有极显著的影响（张妙青等，2011）。不同海拔条件下（2 500m、3 000m、3 500m 和 4 000m），种植翌年的垂穗披碱草种子产量及其构成因素中，变异系数较大的有单株种子产量、单株干重和单株生殖枝数，种群内选择育种潜力大，其次是千粒重，每生殖枝小穗数与每小穗种子数变异系数最小。海拔对种子产量及其构成因素也有显著影响，表现为海拔 4 000m

种群单株种子产量显著低于其他种群。在同一种植生境下，各海拔垂穗披碱草的变异系数都表现为单株种子产量、单株干重和单株生殖枝数的变异程度较大，其次是千粒重。从不同海拔垂穗披碱草在相同生境连续 2 年的表现以及收获后再播种第一年的表现总体分析认为，海拔 3 500m 和 3 000m 在生物量、分蘖数、生殖枝数、叶片数和单株种子产量上均显著高于海拔 4 000m 和海拔 2 500m。

第三节　披碱草属植物种子落粒性

一、落粒性与种子发育及产量性状关系

落粒性是老芒麦品种选育、种子生产中面临的重要问题。低落粒优异老芒麦种质是当前草地畜牧业发展和生态修复的急需草种。老芒麦落粒性对种子产量造成严重损失，实际种子产量仅为潜在种子产量的 10%～20%，并且落粒增加了种子采收的难度，提高了种子生产成本，使种子质量和产量均受到严重影响，制约着优质老芒麦的推广与利用。

落粒率在老芒麦不同种质间存在不同程度的差异，在同一种质的不同单株之间也存在不同程度的差异。老芒麦在盛花期 31d 后落粒率激增，在这一时期之前收获种子，则落粒对种子产量造成的损失将会大大降低，但由于种子成熟度不一致，收获时间过早种子产量和质量都会降低。因此，明确老芒麦种子收获的最佳时期，对老芒麦种子产量和质量及后续生产利用具有重要影响。蜡熟期收割是提高种子产量的有效途径，种子在这一时期具有发芽力，随着种子成熟度的增加，则落粒率将增大，种子产量将降低。

二、落粒的影响因素

种子落粒性与当年的气候、栽培技术等亦有很大的关系，倒伏的植株落粒率低，栽培历史短的牧草种子自然脱落比较严重。由此推测，披碱草属物种中，垂穗披碱草与老芒麦易于落粒可能与栽培区域气候条件、栽培技术、栽培历史以及植株的株型有关。

种子含水量、成熟度与采收期等是研究落粒性对种子产量影响的常用参数。随着种子含水量的降低，垂穗披碱草种子产量不断增加，直到盛花期后第 28 天，种子含水量降为 40.48%，这时种子产量达到最高。此后随着种子的成熟，种子含水量继续降低，其种子自然落粒的趋势也加剧（乔安海等，2010）。不同海拔垂穗披碱草种群落粒率也存在显著差异。在生理成熟时，海拔 2 650m 和海拔 3 850m 的垂穗披碱草的落粒率分别是 44% 和 38%，显著高于海拔 3 050m

（27%）和海拔3 450m（32%），即最低海拔梯度和最高海拔梯度，垂穗披碱草种子落粒性显著高于中间海拔梯度的落粒性（曾霞，2011）。也有研究认为，小花序轴和种柄解剖结构特点及种子发育生理特性也对种子落粒性起着重要调控作用。老芒麦盛花期后20~22d为落粒起始时间，粒有种柄脱落与小穗柄脱落两种途径，但种柄脱落占主导地位。灌浆期、乳熟期、蜡熟期、完熟期持续时间分别为4~6d、4~6d、6~8d、6~8d，落粒率分别为4.73%、20.78%、75.67%和87.73%。种子发育中后期倒伏植株落粒率低且千粒重大，落粒起始时间与植株高度和小花柄直径呈显著负相关。乳熟前期（26d）落粒受种群密度与枝条直径影响大，种子芒长是此阶段落粒的主要因素。蜡熟期（32~36d）植株越高、枝条越细、小穗数/枝数越少、小花数/枝数越多则落粒越大，而花序柄长度与直径越大则落粒性显著降低。到成熟期落粒性与种群密度与枝条直径呈显著负相关（游明鸿等，2011）。老芒麦在盛花期后31~38d，各材料的落粒率显著增加，达到最大。为避免因籽粒大量脱落造成产量的严重损失，老芒麦种子应在盛花期后31d之内完成收获（赵旭红，2017）。

禾草种子落粒是一个很复杂的问题，不仅和收获时间有关，还和收获手段、环境气候因素等有很大的关系，而且受落粒基因的控制。老芒麦高落粒与低落粒材料在离层木质化程度、断裂面光滑度、离层结构完整性及落粒关键期细胞壁水解酶活性等方面具有差异。低落粒材料离层细胞木质化程度高，离区断裂面粗糙，离层结构完好且细胞壁水解酶活性低，而高落粒材料正好相反。同时，离层木质化程度与落粒关键期细胞壁水解酶活性是造成野生老芒麦种子脱落的重要因素（张俊超等，2018）。张宗瑜（2020）利用EST-SSR标记和落粒性评价发现，老芒麦种质资源在遗传背景和落粒表现上都有较高多样性。挖掘到30个种子落粒候选基因，这些基因涉及脱落酸、乙烯、生长素、赤霉素和茉莉酸、纤维素酶基因、转录因子等。这些候选基因在老芒麦基因型离区中差异表达，可能对种子脱落产生影响。今后应从候选基因、激素、酶、离区发育、种子形态等方面对老芒麦落粒机制进行更为全面深入的研究。为从更深层面揭示老芒麦种子落粒机制并挖掘落粒候选基因，张俊超（2020）对老芒麦两个不同落粒基因型和同一材料不同发育时期种子离区开展转录组测序研究发现，不同材料以及不同发育时期产生落粒差异性的主要调控因子为参与植物激素信号转导、木质素生物合成及细胞壁组分的合成与分解过程中的差异表达基因。同时，研究者对筛选出调控老芒麦种子落粒的关键转录因子基因可能具有的调控作用进行了预测。通过对老芒麦落粒关键基因分析发现，可通过抑制拟南芥果荚离区发育、离层细胞木质化、果荚（花）脱落的相关基因表达，提高生长素含量与多聚半乳糖醛酸酶活性，降低脱落酸和木质素含量等方式促使拟南芥产生株高降低、角果节间距和长度缩短、叶面积减少等表型变化，同时延缓并降低拟南芥的落花和裂荚，推测该基因在调节老芒麦种子落粒中具有相似的调控机制。

　　优良草种子是整个现代草业的基石，其将为退化草地改良、优质牧草生产、草地生态建设等的顺利实施提供保障。同商品化披碱草属种子生产国家相比，我国现在的种子搜集、保存、利用、生产等技术还不太完善，在披碱草属种子田间管理、收获、清选和加工设备上还存在很大差距，也缺乏适于小种子的清选设备，缺乏披碱草属种子去芒等设备，这也是限制我国披碱草属种子扩大生产规模和提高质量的主要因素之一。对于披碱草属种子研究，大多集中在披碱草属生长的动态规律及生态适应性，对披碱草属种子最佳收获时间、披碱草种子保存、打破休眠等方面的研究不系统。另外，披碱草属种子活力变化、施肥量对披碱草属种子产量和质量的研究报道亦较少。因此，研究其种子特性及其影响因素、种子产量及产量组分的作用规律，掌握不同管理措施等在种子成熟收获利用中的相互关系，对于丰富我国牧草种子生产技术具有重要意义。

第十一章 披碱草属植物生长发育及营养价值特征

牧草营养价值的高低是评价牧草优良与否的重要指标。牧草生长发育特性与其营养价值高低具有密切关系，其品质性状主要取决于所含营养成分的种类和数量。营养成分指牧草饲用部分营养物质的组分，包括粗蛋白质、粗脂肪、粗纤维、无氮浸出物和钙、磷及其他微量元素，蛋白质中的各类氨基酸和重要的维生素等。其中粗蛋白质和粗纤维含量是两项重要指标，提高牧草粗蛋白质含量，降低纤维素含量是提高牧草品质性状、改善牧草品质的重要内容，也是牧草育种的主要目标性状。

第一节 披碱草属植物生长发育特性及生产性能

一、披碱草属植物生长发育特性

披碱草属植物苗期生长发育比较缓慢，播种当年只有少数能抽穗开花。在适宜的条件下，播后8~9d出苗，出现三片真叶时，开始分蘖和产生须生根，从而进入快速生长期，整个分蘖期持续45~55d，分蘖数一般为30~50个，多的可达100多个。再生力较强，刈割后，残茬仍能重新生长。一般情况下，如果4月下旬播种的披碱草属植物，8月上旬少数抽穗开花，播种翌年4月下旬返青，7月上旬开始抽穗，8月中旬种子成熟，整个生育期约需120d。但在不同气候区，披碱草属植物的生长特性有明显的不同。

1. 青藏高原高寒区

在高寒地区，披碱草种植第1年一般不能开花结实，翌年一般于9月下旬进入完熟期，能正常开花、结实，完成整个生育期，生育期为135d，于10月中旬进入枯黄期和越冬期，可收获种子，并且单株种子产量较高，千粒重较大。垂穗披碱草、肥披碱草和黑紫披碱草于9月下旬才进入乳熟期，在种子成熟期，茎叶仍保持青绿，青绿期长达170d，作为青绿饲料可利用时间长。

青海海北高寒草甸草场上的野生垂穗披碱草种群从返青到完全成熟一直处于不断增长的过程，该种群地上各器官生物量发展的趋势是极大值出现在9月初，开始减少的时间点则出现在 9 月中旬。甘南藏族自治州碌曲县野生垂穗披碱草在当地的年平均生长天数为 128d 左右，越冬率为 91%。玛曲草地垂穗披碱草返青期略有推迟趋势，特别是抽穗、开花、种子成熟期明显提前。玛曲草地垂穗披碱草推迟与秋季降水量减少有关，夏季气温升高是导致玛曲垂穗披碱草抽穗、开花、种子成熟期提前的主要原因，同时秋季的暖干化趋势是导致枯黄期提前的主要原因。受气候变化影响，玛曲垂穗披碱草的物候期在 1985—2005 年的 20 年发生了明显变化（陆光平等，2002）。三江源地区"黑土型"退化草地上披碱草属牧草从返青到种子成熟需要 154d 左右，能完成整个生育过程。该地区 9 月下旬由于枯霜的到来，牧草进入枯黄期，停止分蘖。牧草在生长前期分蘖数呈递增动态，孕穗期分蘖数达最大值，孕穗期后由于抽穗、开花和完熟时需消耗营养，造成部分分蘖枝死亡，总分蘖数减少，分蘖数呈递减动态。分蘖速度在 1 年内的动态呈递减动态，孕穗期后为负增长期（王柳英等，2004）。从外地引入到"黑土型"退化草地的天然野生披碱草属牧草越冬率均接近 100%，这些牧草的抗寒性很强，且随着栽培年限的延长其适应性逐步提高。其总的生长发育规律是，生长前期植物地上部分增速较快，直到最大值出现在抽穗期后逐渐下降。随栽培年限延长其生育期逐步缩短，随海拔增高其生育期不断延长（施建军等，2006）。披碱草属野生种质材料在青海环湖地区均能安全越冬，老芒麦材料均能完成正常生育期，可收获种子，生育期为 102~129d，但披碱草材料中，除来自新疆伊犁的能正常开花、结实，完成整个生育期外，其他材料种子不能完熟，但在种子成熟期，茎叶仍保持青绿，青绿期长达 170d 左右。比较而言，青海当地种生育期较短，完成生育期后各材料随着寒霜期的到来于 10 月上旬进入枯黄期和越冬期（李淑娟，2007）。

　　气候变化对高寒草地垂穗披碱草生长也有明显的影响。汪治桂（2011）通过对近 30 年甘南草场垂穗披碱草返青期的变化特征研究报道表明，黄河重要水源补给区内合作垂穗披碱草返青期出现了明显提前的趋势，提前趋势为每 10 年 15.5d，而与其相邻的玛曲返青期的年际变化不大，可见在黄河重要水源补给区内垂穗披碱草返青期随地域的不同有明显的差异，有一个值得关注的现象是位于高原边坡地带的合作返青期呈明显提前的趋势，说明高原边坡地带对气候变化更敏感。王庆莉等（2020）利用 1961—2017 年四川省石渠国家基本气象站气象资料和 1984—2017 年石渠县农业气象试验站天然牧草垂穗披碱草生育期的观测资料，研究了垂穗披碱草物候期变化及其与气象因子的相关性。1960 年以来，石渠县年平均气温呈上升趋势，年降水量呈微小增加趋势。随着气候变化，石渠垂穗披碱草整个生育期缩短，全生育期为 111~180d，多年平均为 137d。返青期和分蘖期每 10 年分别推迟 7.2d 和 6.4d，抽穗、开花、种子成熟和枯黄期每 10 年分别提前 2d、2.9d、5.3d 和 7.8d。石渠县垂穗披碱草返青期 ≥0℃ 日平均气温初日提前，返青期前 1 个月的平均气温越高和降水量越多，则石渠垂穗披碱草返青期提前，由于夏季气温升高，石渠垂穗披碱草抽穗、开花和种子成熟期提前。在秋季暖湿化倾向的综合作用下，近年来枯黄期亦提前居多。

2. 干旱半干旱草原区

干旱半干旱区，披碱草属植物种质于 4 月中下旬返青，均能正常完成生育期。但披碱草属不同材料在同一环境条件下的生育期有明显差异。相比较而言，老芒麦和垂穗披碱草生育期较短，属早熟型，麦薲草和披碱草生育期相对较长，属晚熟型。生育期最短的材料为 97d，生育期较长的材料为 142d，相差 45d。进一步观察还发现，早熟型进入拔节、孕穗、开花的时间早，完成生育期所需时间短。完成生育期后各材料随寒霜期的到来于 10 月中下旬开始进入枯黄期。

二、披碱草属植物农艺性状及生产性能

在披碱草属植物中，披碱草具有较强的寒旱环境适应能力，在农艺性状和生产性能两方面均有极为突出表现（李淑娟，2007）。披碱草与垂穗披碱草和黑紫披碱草相比，披碱草不仅植株高大，叶片宽大，而且穗长、单株穗数均与其他材料差异极显著，具有种子产量较高的优势，其单株鲜重最高，单株分蘖数最大，茎叶比较小，适合于人工栽培或作为培育高产新品种的种质材料。垂穗披碱草的单株鲜重、单株分蘖数两个指标表现次之，黑紫披碱草表现较差。对披碱草、肥披碱草、老芒麦和圆柱披碱草结实器官及种子产量进行研究表明，圆柱披碱草穗序最短，每穗上小花数和饱满籽粒数最少，小穗数最多，结实率最低，千粒重最高；肥披碱草穗序最长，每穗上的小花数和饱满籽粒数最多，千粒重最低；披碱草结实率最高；每个穗序上的小穗数以老芒麦最少。不同生境肥披碱草，以生长在林下的各性状较旷野生长的明显低劣（杨允菲，1990）。

将披碱草属 3 种牧草多叶老芒麦、垂穗披碱草和短芒老芒麦，种植在海拔 3 750~4 000m 的达日县和玛沁县，当年主要以营养生长为主，生长高度在 20cm 左右，产量低。生长和产量高峰期在第 2~3 年，高度达 1m 以上，产草量 1 000 g/m² 左右，种子产量 150~330g/m²。这 3 种牧草抗寒性强，越冬率高，分蘖能力较强，产草量高，生产性能良好，是"黑土型"退化草地上建植人工植被的优良多年生禾本科草种（施建军等，2007）。

披碱草属不同材料茎叶比差异较大，变异幅度也较大，为 52.763%，大部分材料的茎叶比在 1.0~2.0，不同材料鲜干比差异不大，变幅较小，变异系数 9.989%。种子产量变异系数为 57.962%（表 11-1）。

表 11-1　披碱草属种质材料产量及茎叶比比较（祁娟，2009）

指标	鲜重（kg/hm²）	干重（kg/hm²）	鲜干比	叶干重（kg/hm²）	茎干重（kg/hm²）	茎叶比	种子产量（kg/hm²）
平均	5 692.333	1 586.798	3.624	882.708	676.113	1.543	232.299
最小值	769.17	306.51	2.509	190.40	62.53	0.413	30.32
最大值	10 399.75	3 132.93	4.191	2 327.07	1 603.98	4.663	566.98
标准差	2 235.670	683.709	0.362	429.735	376.472	0.837	134.645
变异系数 CV（%）	39.275	43.087	9.989	48.684	55.682	52.763	57.962

不同年份建植的垂穗披碱草各生产性能亦有明显差异。两年垂穗披碱草居群初花期的生产性能指标的变异系数的大小均为鲜产>干产>鲜干比。其中鲜草产量和干草产量，在两年的四次收获时的变异系数均最大（表 11-2）。同时可以看出，垂穗披碱草的各项生产性能指标在同一年中第一次刈割都优于第二次刈割，同时第一次刈割 2009 年要优于 2010 年，而第二次刈割 2010 年要优于 2009 年（黄德君，2011）。

表 11-2　2009—2010 年两次刈割各性状指标变异系数比较（黄德君，2011）

刈割次数	性状	2009 年	2010 年
第一次刈割	株高	11.64	17.50
	生殖枝数	37.2	38.05
	鲜产	43.52	36.07
	干产	40.86	34.77
第二次刈割	株高	12.76	8.74
	生殖枝数	40.9	30.86
	鲜产	52.66	30.44
	干产	46.82	27.39

三、影响披碱草属植物农艺性状及生产性能的主要因素

1. 海拔高度

刘婷娜等（2014）对垂穗披碱草研究发现，无论单株还是单位面积产量均以海拔4 000m最低，3 500m最高。单株干重和生殖枝数是比较活跃的因子，其变异系数是各因子中最大的，而每生殖枝小穗数和每小穗种子数是比较稳定的因

子，尤其是每生殖枝小穗数受外界条件影响最小，表明种群内选育的潜力大。种群间的种子产量与其构成因素相关性不完全一致，表明海拔对垂穗披碱草种子产量的内在因素，即遗传因素有影响。

2. 留茬高度和刈割次数

留茬高度和刈割次数对披碱草属植物农艺性状及生产性能具有明显影响。老芒麦年刈割1~2次可获得较高的产量，高频次刈割不利于老芒麦再生。产量与枝条数之间的相关性随刈割频次的增加而更加显著，各刈割处理中，刈割茬次枝条数的变化与产量的变化相一致，均随刈割茬次的增加而显著降低，说明高频次刈割会显著降低老芒麦的再生枝条数，从而导致产量的显著下降；但在较低频次刈割（一年1次或2次）时，老芒麦产量受枝条数和植株高度的共同影响（包乌云，2017）。

3. 灌溉量和适宜种植密度

合理灌溉量和适宜密度是栽培草地管理的关键因子。灌溉量显著影响垂穗披碱草株高、分蘖数、根系体积、地上地下生物量、地上地下生物量比，且随灌溉量增大，垂穗披碱草地上地下生物量、分蘖数、根系体积均呈增加趋势，而株高、地上地下生物量比先增加后减小。密度显著影响垂穗披碱草分蘖数和单株地上生物量，且随密度增大，其分蘖数和单株地上生物量均呈减小趋势，而密度对地上和地下生物量、株高、根系体积以及地上地下生物量比没有明显影响（冯甘霖等，2019）。

4. 采食

麦薲草、圆柱披碱草和肥披碱草对模拟采食干扰有明显的响应。拔节期去顶降低圆柱披碱草分株生物量，降低肥披碱草生产力。从处理强度来看，轻中度去顶使麦薲草和圆柱披碱草分株数量呈现补偿性生长，重度去顶使肥披碱草分株数量呈现补偿性生长，但重度刈割显著降低其分株数量和生物量、苗芽数量。从处理后生长时间来看，三种禾草分株数量和生物量在完熟期均为超补偿及等补偿生长，在果后营养期均为等补偿或欠补偿。麦薲草和圆柱披碱草苗芽数量在完熟期为超补偿生长，果后营养期为等补偿生长。三种禾草营养繁殖力和生产力在完熟期为欠补偿或等补偿生长，果后营养期为等补偿生长。因此，三种披碱草属丛生型禾草在分株数量及生物量、数量、芽流结构、营养繁殖力和生产力等数量特征对模拟采食的响应，既存在趋同适应，也存在趋异适应（李程程，2018）。

第二节　披碱草属植物营养价值特征

一、披碱草属植物营养价值特征

披碱草属植物开花后迅速衰老，茎秆较粗硬，适口性不如其他禾本科牧草。但在孕穗到始花期刈割，质地则较柔嫩，青绿多汁，青饲、青贮或调制干草，均为家畜喜食。其再生草用于放牧，饲用价值也高，一般每亩干草 200~400kg，有灌溉条件时可达 500kg。结实性好，亩产种子 60kg 左右，其鲜草、干草的营养成分都较丰富。主要供晒制干草的披碱草属牧草，宜在抽穗及开花期刈割，每年刈割一两次，每公顷产干草 1.5~3.8t，可维持高产 4 年左右。

垂穗披碱草具有营养丰富、适口性好等优异品质。黄德君（2011）对高寒牧区 45 份垂穗披碱草研究表明，粗蛋白含量在 15.20%~22.93%，水溶性碳水化合物 2.22%~7.06%，酸性洗涤纤维 35.07%~46.42%，中性纤维为 57.28%~65.98%。可见降低纤维含量是培育优质垂穗披碱草的重要目标。垂穗披碱草各部位的营养物质含量也有差异。花序的水分、粗蛋白和无氮浸出物高于茎和叶的，而叶中的干物质、粗脂肪、粗灰分较其他部位高。不同生育期营养物质也有很大差异（表 11-3）。垂穗披碱草与直穗鹅观草、短芒大麦草和无芒雀麦相比，直穗鹅观草和短芒大麦草开花期粗蛋白含量最高，分别为 15.9% 和 15.27%，垂穗披碱草和无芒雀麦抽穗期粗蛋白含量最高，分别为 14.53% 和 18.11%（马鸣，2008）。遗传因素和环境因素共同影响垂穗披碱草的生产性状和品质性状，具体表现为：株高、单位面积生殖枝数、鲜草产量、干草产量、鲜干比、粗蛋白、中性洗涤纤维、总磷和相对饲喂价值主要由环境因素决定；而水溶性碳水化合物、酸性洗涤纤维和干物质消化率主要由遗传因素决定的，其广义遗传率均大于 50%（严学兵等，2003）。

表 11-3　垂穗披碱草各生育期营养价值（严学兵等，2003）　　　　单位:% DM

生育期	水分	干物质	粗蛋白	粗脂肪	粗纤维	无氮浸出物	粗灰分	钙	磷
抽穗期	8.1~ 8.3	91.7~ 91.8	14.3~ 19.3	2.7~ 3.5	30.0~ 31.4	37.6~ 37.8	8.2~ 10.2	0.3~ 0.4	0.2~ 0.3
开花期	5.9~ 8.5	90.1~ 94.1	12.6~ 20.9	2.5~ 3.9	29.1~ 36.2	34.1~ 44.1	8.4~ 11.4	0.4~ 0.6	0.2~ 0.9
结实期	6.1~ 6.9	93.1~ 93.9	6.9~ 12.6	2.0~ 2.4	32.1~ 33.7	46.4~ 49.5	6.6~ 7.8	0.22	0.13

（续表）

生育期	水分	干物质	粗蛋白	粗脂肪	粗纤维	无氮浸出物	粗灰分	钙	磷
成熟期	8.23	91.8	9.35	3.12	41.75	37.6~51.6	8.22	0.31	0.19
开花期茎	8.7	91.3	6.6	0.92	50.79	37.14	4.54	—	—
开花期叶	7.6	92.4	14.36	4.26	34.28	34.82	12.28	—	—
开花期花序	11	89	14.76	2.62	21.49	55	6.13	—	—

　　麦𧄍草有较好的营养结构，但短芒披碱草、黑紫披碱草、垂穗披碱草和老芒麦，因为叶丛特别繁盛、茎叶特别柔软，适口性好而受喜欢，特别是抽穗期营养价值较高（表11-4）。弗吉尼亚披碱草比加拿大披碱草长势更旺盛，秆叶柔软，籽粒产量也很高，更为可取。尤其弗吉尼亚披碱草和盐生披碱草已被许多牧场和牧草良种繁殖场用作人工种植牧草。多叶老芒麦这个品种在青海省被一些人誉为"牧草之王"。

表 11-4　披碱草属植物抽穗期营养成分（王世金等，1993）

植物种类	全糖（%）	粗脂肪（%）	粗蛋白（%）	全磷（%）	粗纤维（%）	粗灰分（%）	水分（%）
短芒披碱草	4.31	2.52	16.3	0.032	30.34	7.94	13.38
垂穗披碱草	5.31	2.87	16.93	0.062	21.15	11.38	11.52
老芒麦	6.92	1.98	13.91	0.062	26.17	6.63	14.58
圆柱披碱草	3.81	2.77	14.02	0.039	31.06	9.49	13.25
披碱草	7.52	2.62	13.97	0.063	24.47	9.24	13.51
麦𧄍草	4.60	2.27	17.27	0.076	23.52	8.75	13
加拿大披碱草	7.87	1.98	6.27	0.255	38.7	7.66	4.96
弗吉尼亚披碱草	8.9	1.62	6.38	0.25	31.1	7.44	7.19
盐生披碱草	12.16	1.39	7.18	0.261	31.7	8.58	5.66

二、披碱草属植物降解率

　　严学兵等（2003）对不同季节垂穗披碱草草地进行干物质、有机质、粗蛋白和酸性洗涤纤维的消化率测定，发现在初花期的干物质、有机质和粗蛋白降解率达到整个生长季最大，分别为73.81%、73.15%和86.69%。酸性洗涤纤维的消化率在抽穗期达到最大，为53.60%。各种物质的消化率在整个生育时期是呈单峰曲线，其可消化干物质和粗蛋白最大量分别为129.2g/m^2和20.7g/m^2。

不同禾草饲喂其降解率、采食量及对产奶净能都有明显不同。张永根（2006）通过对禾本科牧草72h瘤胃降解率测定结果表明，2个冰草品种最高，猫尾草次之，3个披碱草品种居中，羊草、墨西哥玉米较差，谷莠子、稗草最差。曹仲华（2011）在实验室用概略养分法测定，在15种禾本科牧草，垂穗披碱草的蛋白质高于其他牧草，位居其次的是早熟禾和狗尾草，蛋白质最低的是白茅。中性和酸性洗涤纤维方面，狗尾草的较低，针茅类牧草则较高。

牧草干物质、有机物、蛋白质、中性洗涤纤维和酸性洗涤纤维在瘤胃中的降解率，随着牧草在瘤胃内时间的增加也随之升高。大部分牧草在降解48h、72h后，其粗蛋白的降解率趋向平缓，说明在瘤胃内已基本达到降解极限。在绵羊体内，披碱草属、狗尾草、白草和早熟禾的干物质、有机物、蛋白质、中性洗涤纤维和酸性洗涤纤维在24h、48h和72h的降解值均比其他牧草好，说明在家畜体内消化率较高的是这些牧草，有益于反刍动物瘤胃微生物发酵和利用。比较粗蛋白、中性洗涤纤维和酸性洗涤纤维在体内72h降解率和有效降解率可知，同种披碱草属牧草在海拔较高地区营养价值较高，在瘤胃中的降解率也较高。

综合概略养分法和消化率两种方法对牧草价值的评定结果表明，披碱草属牧草营养价值较高，证明其经济及饲用价值较好，作为牧区牲畜的优良饲料来源是非常适宜的。

三、不同处理措施对披碱草属植物营养价值的影响

1. 锌肥对垂穗披碱草营养价值的影响

锌是牧草生产所必需的微量元素之一，锌的丰缺将影响植物的产量和品质，它在牧草生命活动过程中起着转运物质和交换能量的作用，故被誉为"生命的齿轮"。喷施锌肥后，垂穗披碱干草产量随锌肥浓度增加呈上升趋势，浓度1 000mg/kg比未施锌肥产量增加了35.82%。从牧草营养成分分析，喷施锌肥后钙含量随着锌肥浓度的增加呈先增后减的趋势，垂穗披碱草中磷含量随锌肥浓度增加呈逐渐上升趋势，800mg/kg锌肥可作为垂穗披碱草栽培草地较优施肥浓度（表11-5）。

表11-5　锌肥对垂穗披碱草的影响（史睿智，2018）

锌浓度（mg/kg）	干草产量（kg/hm^2）	钙（%）	磷（%）	水分（%）
0	361.48	0.35	0.12	5.61

（续表）

锌浓度 （mg/kg）	干草产量 （kg/hm²）	钙（%）	磷（%）	水分（%）
500	406.76	0.43	0.26	5.52
600	438.01	0.39	0.27	5.34
700	446.31	0.34	0.3	5.29
800	472.84	0.29	0.39	5.12
900	475.53	0.25	0.38	5.09
1 000	490.95	0.23	0.39	5.07

2. 光能变价离子钛

光能变价离子钛具有增强植物抗逆性、提高产量、改善品质等多种作用，已广泛应用于农作物的栽培研究。游明鸿等（2018）以川西北高寒牧区主导草种川草 2 号老芒麦为研究对象，探讨光能变价离子钛对牧草产量和品质的影响。光能变价离子钛可以使老芒麦粗蛋白含量较对照提高 1.2%，显著降低了垂穗披碱草和老芒麦中性洗涤纤维含量，分别较对照降低了 11.41% 和 7.11%，垂穗披碱草和老芒麦的酸性洗涤纤维含量较对照分别降低了 16.1% 和 8.65%。因此，光能变价离子钛虽然没有增加栽培多年的牧草产量，但改善了牧草品质，可增加牧草的消化率和采食率。

3. 不同添加剂对披碱草青贮发酵品质的影响

以披碱草为原料，添加甲酸、纤维素酶、乳酸菌制剂和纤维素酶乳酸菌混合制剂 4 种添加剂。4 种添加剂均可显著降低青贮饲料 pH 值，乳酸含量显著增加。甲酸、纤维素酶和乳酸菌对青贮饲料发酵品质和营养价值都有一定改善作用，纤维素酶与乳酸菌混合制剂对青贮饲料发酵品质和营养价值有明显改善作用，其中 0.015% 甲酸+0.005% 纤维素酶处理对披碱草发酵品质和营养价值改善作用最为明显（王莹等，2010）。

另据报道，施氮肥、磷肥与 6-BA 及 IAA 配施可以提高老芒麦生长特性和营养品质（杨航等，2020）。播种方式、播量和刈割频率以及互作对垂穗披碱草和老芒麦的再生性能、草产量和营养均显著影响。在相同播量和刈割频率下，再生速度、再生强度、总草产量和粗蛋白质产量均表现为在条播处理下最好。在相同播量下，2 种牧草的刈割频率均以在刈割两次处理下为宜。在相同播种方式和刈割频率下，2 种牧草再生速度、再生强度、总草产量和粗蛋白产量均表现为在播量 45.0kg/hm² 处理下最好（王生文，2014）。

附　披碱草属植物田间物候期及其田间性状观测规范

对披碱草属植物田间物候期的观测要求、原则、方法、记载内容及备注事项等内容进行总结和规范，以便掌握披碱草属植物在一定区域内生长情况、物候期长短、生长发育进程，为选育和引进优良披碱草属植物品种及其制订正确生产方案等提供规范措施。

一、观测要求

1. 观测样地选择

观测点要未受自然和人为因素影响，避开边行和受病虫害影响的植株，且四周加以维护，避免人畜破坏；要考虑地形、土壤、植被的代表性，不宜选在房前屋后，避免小气候的影响；观测点要稳定，可以进行多年连续观测，不能轻易改动；为了便于观测和维护，若有条件可在距离较近的地方建立物候观测场（站）。

2. 观测地概况

观测地所在的行政村（镇）名称、地理坐标（经纬度）、位置（距观测场位置、方向、周围主要建筑物、林带、公路的方位和距离）、面积、海拔高度、地形（平、山、洼、坡地、坡向等）、气象资料、灌溉措施、观测植物栽植年代等做详细记载、土壤类型、土壤质地、土壤肥力、施基肥的种类、数量和方法等。

3. 试验地近几年气候概况

平均气温、年最高温、年最低温、年积温、湿度、年降水量、日照时数等。

4. 建档

观测前记载试验材料的拉丁学名、品种名称、种子来源、原始生境，记录发芽率、播种量、播种方法、播期、试验方案，并绘制田间试验排列图、前茬及周围环境、田间管理措施等内容。

二、观测原则

1. 观测时间

披碱草属物候观测应常年进行，观测时间根据季节和观测对象来确定。春季和秋季植株物候现象变化较快时，应隔日进行。物候期最好 10 时至 11 时 30 分或 15 时 30 分至 17 时，晴天观测。

2. 观测部位

以植株整株的主茎判断其物候期，主茎受损时另选植株，并注明，选择的植株一定要有代表性。

3. 观测人

最好确定具有经验的专人观测。

三、观测用具

海拔仪、经纬仪、记录本、铅笔、钢卷尺、坡度计、小铁铲、计算器、放大镜、镊子、白纸板、标本采集工具、物候观测登记表等。

四、观测方法

物候期观测是以某物候现象开始出现的日期进行估算的，因此要十分重视开始期的观测。物候期出现10%为初期，50%以上为盛期，80%为末期。最好采集每物候测定时期植株全株照片。

目测法：随机选择1m²或1m植株样段，目测物候期。

实测法：采用定株法，在观测地段内随机选取至少30株，并标记，测定某一物候期的植株数，根据以下公式计算百分率，确定物候期。

$$某一物候期（\%）=某一物候期植株数/总植株数×100\%$$

五、观测内容

1. 物候期

各物候期单位"日/月"表示，生育天数及生长天数用"天"表示。

2. 播种期

牧草实际播种日期。

3. 出苗期

种子萌发后，幼苗露出地面2~3cm的时期。

4. 返青期

上年植株的叶片由干枯转变为绿色露出地面2~3cm。

5. 分蘖期

幼苗在茎的基部茎节上形成新枝的时期。

6. 拔节期

能在土表1~2cm处用手摸到第一个节的时期。

7. 孕穗期

植株剑叶叶鞘膨大呈纺锤形的时期。

8. 抽穗期

植株穗顶由剑叶叶鞘伸出 3~5cm 的时期。

9. 开花期

植株外稃向外开张一定角度，露出柱头和花药的时期。

10. 成熟期

分为三个时期，即乳熟期、蜡熟期和完熟期。乳熟期指 50% 植株的籽粒内充满乳汁，并接近正常大小；蜡熟期指 50% 植株籽粒呈现其固有颜色，内具蜡状物；完熟期指 80% 的种子变坚硬。

11. 枯黄期

植株茎叶枯黄的时期。

12. 生育天数

由出苗或返青至种子成熟的天数。

13. 抗逆性

根据试验地旱、涝、盐碱、病虫害、霜冻等具体情况加以记载。

由于自然因素或人为因素等造成物候期提前、推迟、异常，物候特征低于 50% 时，仍应观测记载，要说明具体情况；如果分蘖期、拔节期、孕穗期等时期不确定时，可在观测点周围选取 10 株左右进行解剖观测。

六、其他性状测定方法

1. 株高

幼苗期、苗期和拔节期株高为植株基部到最上部展开叶的叶尖的距离作为植株全长；开花期、灌浆期及成熟期株高为植株从地面到顶端（芒除外）的绝对高度。于不同生育期选有代表性的植株 10~20 株将其拉直，测量从地面到植株最高部位（芒除外）的绝对高度，求平均值。

2. 草层高度

平视时自然状态草层整体高度，对突出少量的植株不予考虑。

3. 分蘖数

单株植物分蘖个数包括有效分蘖（生殖枝数）和无效分蘖（营养枝数）。方法为随机选取 10 株连根挖出，统计单株分蘖数，或随机选取 50~100cm 样段，统

表 11-6　披碱草属植物田间观测记载表

小区编号	物种名	播种期	出苗期或返青	分蘖期	拔节期	孕穗期	抽穗期	抽穗株高	开花期	成熟期 乳熟期	成熟期 蜡熟期	成熟期 完熟期	完熟期株高	生育天数	枯黄期	生长天数	越冬(夏)率	抗逆表现	抗病虫表现	产量(kg/hm²) 鲜草	产量(kg/hm²) 干草

计样段内单株分蘖数。

4. 越冬率

植物群体经过漫长的冬春寒冷时期后，来年仍活着的植株占上年秋末总植株数的比率。方法为在观测地段中随机选择样段2~3处，每段长1m，做标记，统计样段中越冬前的植株总数及翌年返青的植株数。

越冬率（%）＝返青植株数/越冬前植株总数×100%

5. 产量

包括第一次刈割的产量和再生草产量。披碱草属植物一般于抽穗初期刈割比较好，最后一次刈割应在植物停止生长前15d左右进行。

第十二章 披碱草属植物栽培技术及种植模式

第一节 披碱草属植物种植与管理技术

一、种植技术

1. 选地

种植地块应选退耕地、撂荒地之丘间平地、山间低地、河床两岸，土层较深厚、腐殖质含量较高、水分条件较理想的地段。如作为种子田，地势要平坦，最好有灌溉设施。

2. 整地

选择好种植地块后，首先要做的是对选择好的土地进行整理。披碱草属植物种子很小，又附着许多纤毛等附属物，种子顶土能力较弱，故要求土地要疏松，整地深度 7cm 以上。深耕后要精细耙糖，清除前作根茬，清理较大石块、土块及影响植物生长发育的障碍物（高丽琴，2017）。在保持土壤养分平衡的同时，尽量增加氮肥含量。然后除草除虫，如果除草除虫用到药物，除完之后不要立即撒种播种。

3. 种子

必须严格选种，挑选成熟完好、品质上乘的新种进行播种。披碱草属植物种子一般都有芒、纤毛、髯、颖片等附属物，为增加种子流动性，控制播种量，播种前必须进行种子处理。一般处理方法是在农家场面上铺 3~5cm 厚的种子，用碌碡碾压，如量少可用石碾子碾，而后分离这些附属物即可播种。如果用机械播种，要做断芒处理。

4. 播种时间

牧区建立披碱草人工草地在土壤解冻后即可播种，宜早不宜迟，最迟不超过6月中旬。可采用燕麦等一年生植物做保护播种，提高人工草场播种当年牧草产量。保护播种的播种期应以保护物的最适播种期为准。天然草地补播改良有地面处理时，宜在牧草萌发前播种，无地面处理时，从土壤解冻至6月中旬均可播种。如劳动力、农具和播种农作物有冲突，可夏播，一般在 6 月下旬至 7 月上旬。根据当地气象部门提供的近期天气预报信息，最好在降雨前播种。

5. 播种量及行距

播种量一般为 22.5~30kg/hm²，种子田可减少到 15~22.5kg/hm²，行距 15~30cm。实际播种量还要根据种子发芽率、当地及当时的具体条件再确定。天然草地补播，视补播地段的具体情况而定，一般不少于其人工草场的单播量。披碱草可撒播，可条播。生产田条播行距 15~25cm，种子田条播 25~30cm。坡地（< 25°）条播，其行向与坡地等高线平行。大面积撒播应以 10~20 亩为单元分区划片播种；要求播种量与播种面积对应一致，并做好落粒密度检查，认真控制播种的均匀度。播种后要做出苗检测，缺苗或漏播地段应及时补播。

6. 播种深度和镇压

播种深度受种子大小、地面及土壤状况等因素的影响。披碱草属植物种子发芽前后，子叶一般是不出土，所以，播种深度、覆土厚度都较豆科牧草深些、厚些，一般为 3~5cm 为宜，土壤供水困难，可加深至 5cm，但不得超过 6cm。播后立即轻轻镇压，增加种和土粒之间的亲和力，避免种子悬浮于土粒之间，影响种子发芽时对土壤孔隙中水分吸收而导致出苗受阻。

二、田间管理

播种区最好设置围栏，避免牛羊采食。披碱草属植物播种当年，幼苗生长缓慢，易受杂草危害，选用适宜的化学除草剂或人工除草 1~2 次。幼苗发育至三叶期—分蘖期，田间杂草必须清除，一般以两次为好。翌年及以后的各年间，每年至少应锄草、松土一次。生活第 3 年的草地草丛密集，根系絮结，应在早春轻耙松土。披碱草对水肥反应敏感，有灌溉条件的地方可适当浇水，尤其是生长季节降水量不足 450mm 的地区。播种前可适当使用基肥，以有机肥料为宜。以后每年可追施有机肥、氮肥和磷肥。以提高产草量，延长利用年限。利用 5 年的草地可延迟割草，采用自然落粒更新复壮草丛，也可人工播种达到更新的目的（赵锦章，1984）。

三、利用与收获

披碱草属植物，4 月中旬返青经 60~70d 的生长后，植株可达 15~20cm 高。此时可行轻牧。轻牧能刺激分蘖。放牧时家畜密度不宜过高，地表潮湿时不能放牧、阴雨天不能放牧。放牧利用的时间，最晚不宜超过拔节盛期。放牧结束后，立即施以氮磷混合肥料 5~10kg/亩为好（赵锦章，1984）。晚秋与早春严禁放牧，以免因牲畜贪青啃食造成破坏。刈牧兼用草地放牧利用时应划区轮牧，草高15cm 时开始放牧，高度下降到 5cm 停止放牧。禾本科植物有个共同属性——抽穗后植株质地很快木质化，大大降低家畜适口性和采食率，而披碱草属植物更甚。所以，适宜的收获期为孕穗—抽穗期，收获过迟影响干草品质，而且降低再生率，减少草地的第二次产草量。收种应在全田穗子 60% 变黄时进行，过迟造成种子大量脱落。刈割牧草和收种的留茬均在 5~7cm 为宜。

第二节　披碱草属人工草地主要建植方式

一、披碱草属植物混播种植模式

披碱草属植物根系在土壤中分布为距地表 15cm 左右，而豆科植物分布根系较深，在不同土层中均可以吸取水分和养料。这两种牧草地上枝叶分布层次不同，在距地面 30cm 以内，禾本科牧草叶量占全部叶量的 60% 以上，而豆科牧草占 20% 以下。所以，地上部分错落有序不争光，地下、地上部分各取所需，互不竞争同一所需元素，互不干扰、互不影响，产量高而稳定。

各国在建立人工草地时都很重视草地混播。通常将豆科、禾本科草种组合起来进行混播。美国、新西兰等国家用多年生黑麦草和三叶草混播建植放牧草地，效果颇佳。我国利用披碱草、无芒雀麦等与紫花苜蓿进行混播，也取得了较为理想的效果。

1. 老芒麦与豆科牧草混播

紫花苜蓿以较高的产量和优质的饲用价值，在作物栽培体系中占据重要地位，有着"牧草之王"的美誉，是我国北方的主要栽培牧草，是解决我国农区畜牧业优质饲草料缺乏，特别是解决蛋白质饲料缺乏的重要途径。紫花苜蓿耐旱、根系发达，在保持水土和培肥土壤、改善生态环境方面起着重要作用。老芒麦抗旱、抗寒性强，营养价值高，可用作放牧、调制干草、青贮等，由于地下根茎发达，因此老芒麦具有较强的水土保持作用。紫花苜蓿和老芒麦是干旱半干旱地区比较适合生长的豆科和禾本科优质多年生牧草，二者混播是比较理想的草种组合。

（1）不同播种方式对混播牧草产量的影响

朱树秀等（1992）对苜蓿和老芒麦不同混播组合的产草量和苜蓿固氮及其向老芒麦转移氮的能力进行了研究，紫花苜蓿和老芒麦混播的最佳混播组合的种间比例为 40：60（按播种量计算）或 50：50（株数比）。刘美玲等人（2004）用草原 2 号苜蓿和老芒麦进行了混播试验，混播人工草地比单播人工草地有明显的增产效应,其中老芒麦与草原 2 号苜蓿以 3∶1 的混播组合又比其他混播组合有很明显的增产现象。杨凤梅等人(2006)研究了紫花苜蓿和老芒麦4∶6、5∶5、6∶4 间行条混播草地 2 年产草量变化,发现豆禾比 5∶5 混播处理播种当年和生长翌年的产量都明显高于其他处理;混播间行处理中的紫花苜蓿的竞争力要大于混播同行处理的苜蓿的竞争力,连续两年内混播间行(1∶1 间行,苜蓿和老芒麦 7.5+15kg/hm²)处理优越于同行处理,且播种当年两种牧草各物候期均比翌年晚,老芒麦的返青时间比紫花苜蓿早 7~8d(白音仓,2011)。另据报道新疆布尔津苜蓿与老芒麦的田间最佳混播组合比起老芒麦单播草地产量提高 11 倍(表 12-1)。

表 12-1 不同播种方式

草种组合	混播比例及方式	播种量 (kg/hm²)	两年平均产量 (kg/hm²)	粗蛋白 (kg/hm²)
紫花苜蓿+老芒麦	1∶1 间行	7.5+15	9 356	1 200
紫花苜蓿+老芒麦	1∶1 同行	7.5+15	7 528	896.05

在农牧交错区,如要建立短期高产刈割利用型混播草地,宜选用苜蓿和老芒麦混播组合,播种方式为 3 行苜蓿和 1 行老芒麦或 2 行苜蓿和 2 行老芒麦相间条播,播量比为苜蓿单播量的 75% 和老芒麦单播量的 25%,或为苜蓿单播量的50% 和老芒麦单播量的 50%,即每公顷播种 11.25kg 苜蓿和 7.5kg 老芒麦,或每公顷播种 7.5kg 苜蓿和 15.0kg 老芒麦(王建光,2012)。

(2)不同混播方式对水分利用效率的影响

苜蓿对灌溉敏感,老芒麦对施肥敏感,合理施肥可适当减缓水分不足引起的减产幅度。因此,苜蓿和禾草混播草地应特别注意要有灌溉条件,土壤含水量至少要维持在田间持水量 65% 以上,此时每次低施肥量(kg/hm²)氮磷钾施用比为 3.5∶1.2∶0.7 或 3.5∶3.5∶2.0 时可取得明显增产效果,同时对混播牧草的营养价值和饲用价值也有显著作用,由此进一步说明混播模式充分提高了土壤水肥资源的利用率。

(3)对氮素利用效率的影响

老芒麦与苜蓿混播时,苜蓿所固定的氮比土壤氮更容易被老芒麦吸收利用,老芒麦从苜蓿固定的氮中获得植株生长所需氮的 34.9%,从而降低对肥料氮和土壤氮的需求,减轻老芒麦在混播中对肥料和土壤氮的竞争,提高苜蓿固氮率。

2. 老芒麦与燕麦混播

在高寒牧区建植多年生人工草地,播种当年适当混播燕麦,不仅可以显著提高第一年产草量，而且对提高前两年产草总量亦有作用，可有效地解决高寒牧区多年生人工草地建植当年无草刈割的问题，有利于促进牧区多年生人工草地的发展，并提高种草的效益。李才旺等（1999）在川草一号老芒麦与燕麦的混播组合研究中发现，以老芒麦每公顷用种量30kg，燕麦每公顷用种量75kg，可形成较合理的群体结构，从而收到播种当年产草量较高，翌年对老芒麦产草量影响较小的效果。

3. 垂穗披碱草和无芒雀麦混播

垂穗披碱草适应性更好，无芒雀麦产草量高，但稳产性差，两者均表现出较强的抗旱、耐寒、耐盐碱等优良性状，且适口性好。垂穗披碱草和无芒雀麦在高寒地区旱作条件下混播生长良好，首先耐寒性好，再次，耐盐碱，在pH值为8.5的土壤中生长发育良好。此外，抗病能力强，生长过程中未发现病虫害。

4. 其他混播组合

张英俊等人（1998）在甘肃河西半荒漠地区筛选出适宜混播组合为7.5%紫花苜蓿+22.5%红豆草+17.5%老芒麦+46.87%草地早熟禾+5.63%苇状羊茅。张淑艳等（2003）在科尔沁地区进行了多年生禾本科牧草与紫花苜蓿的混播试验，在"苜蓿+无芒雀麦+披碱草"的混播组合中，以苜蓿占总播种量30%的组合效果最好，当年产量较高，禾本科牧草比例达到50%左右，适合放牧利用；多叶老芒麦30%+中华羊茅70%和垂穗披碱草70%+西北羊茅30%在第二、三年群落结构和产草量优于其他混播处理和单播（施建军，2004）。潘正武等人（2007）在甘肃天祝地区用草原2号苜蓿与无芒雀麦、多叶老芒麦、沙生冰草、冷地早熟禾混播进行组合筛选研究，较适宜组合有3种，即一为34%草原2号苜蓿+33%无芒雀麦+33%多叶老芒麦，二为34%草原2号苜蓿+33%多叶老芒麦+33%冷地早熟禾，三为34%草原2号苜蓿+33%多叶老芒麦+33%沙生冰草。2009—2011年，王建光（2012）在内蒙古土默川地区进行苜蓿+无芒雀麦、老芒麦+直穗鹅观草的组合混播建植，历时3年研究表明，苜蓿与禾草混播的群落种间竞争优势受控于苜蓿种群的混播比例，混播地土壤中的杂质草种对混播建植没有显著的影响。灌溉、施肥及水肥耦合对苜蓿与老芒麦混播组合总产量和品质起着重要作用。另据报道，苜蓿、红豆草和垂穗披碱草混播（张榕，2011），披碱草、老芒麦、无芒雀麦和冰草4种草种等比例混播的处理具有很好的经济和生态功能（于然，2015）（图12-1）。

披碱草和红豆草混播　　　　　　　　老芒麦与苜蓿混播

图 12-1　不同混播模式

二、披碱草属植物混播的生态效应

1. 水土保持作用

无芒雀麦、冰草、披碱草 1∶1∶2 混播处理的生态适应性、防止水土流失性和景观效益性较好，草种间契合度高，适宜北方干旱少雨、气候寒冷生态环境，建植速度快，分蘖能力强，覆盖度高，水土保持效益显著，视觉效果好，是优良的护坡混播配比组合（李琴等，2015）。在风蚀严重的地段退耕还草时建议采用混播比例为 1∶3 的老芒麦+冰草草地，减小风蚀的效果较好（表 12-2）。

表 12-2　单、混播人工草地对土壤风蚀模数的影响（韩永伟，2004）

混播比例	老芒麦+冰草	老芒麦+无芒雀麦	无芒雀麦+冰草
1∶1	19.62	19.33	21.33
1∶3	18.40	21.04	20.75
3∶1	20.68	20.96	20.02

2. 退化生态系统修复

马玉寿等（2007）在黄河源区的"黑土型"退化草地上，用垂穗披碱草+冷地早熟禾+中华羊茅+波伐早熟禾+西北羊茅+短芒老芒麦 6 种多年生禾本科牧草混播进行草地修复。不同高、矮禾草的合理配置可有效地优化人工植被的群落结构，遏制单一种建植的快速退化现象。随着生长年限的增加，群落结构稳定性增强，牧草产量相对稳定。邢云飞（2018）对三江源区多年生禾草混播草地种间竞争效应进行研究，利用垂穗披碱草与青海草地早熟禾、青海中华羊茅、青海冷地早熟禾、碱茅及西北羊茅等进行不同组合混播研究，种植当年种间竞争大于种内竞争，第 4~8 年，维持较高而稳定的水平。几种多年生禾本科牧草的合理混播配置是"黑土型"退化草地进行人工建植恢复的关键技术，是一项快速稳定恢复"黑土型"退化草地植被的重要措施。三组分及以上混播组合对资源的利用要高于单播，群落稳定性也高于单播。

3. 改良盐碱地

燕麦与不同作物混作后各土壤全盐量平均值按大小排序为：与大豆混作田>与老芒麦混作田>与苜蓿混作田>与披碱草混作田，说明与苜蓿混作的燕麦、与披碱草混作的燕麦、与老芒麦混作的燕麦与单作燕麦相比对盐碱地 pH 值的降低效果较明显，但与大豆混作的燕麦与单作燕麦相比对盐碱地 pH 值的降低效果不明显。各混作处理土壤水溶性盐总量平均值均低于单作处理，其中与燕麦混作披碱草的土壤水溶性盐总量平均值与单作披碱草相比降幅最大，降低值为1.52mg/kg（卢艳丽，2008）。

由此看来，草种选择和草种搭配是建植多年生混播草地的前提基础。适宜的草种和合理的组合不仅可以提高人工草地的生态适应性，还可因草种间的互作提高环境资源（水、热、光）的利用效率、因草种间的寿命长短互补延长草地利用年限。老芒麦和垂穗披碱草耐牧性一般，可单播建立人工割草地，也可与其他禾草或豆科牧草混播建立优质、高产的人工草地，披碱草属植物可以与豆科和其他禾本科牧草混播，这样不但可以提高产量和品质，而且可延迟披碱草属植物的早衰，从而延长其丰产年限，连续利用可达4~6 年。

第三节 披碱草属人工草地群落调控

披碱草属植物是高寒地区用于建设人工草场的优良牧草，但用它建立的人工草场在播种第2~3 年的地上部分生物量最高，第 4 年后又显著下降，同时，群落中有大量毒杂草出现，草地生产力降低，草地质量变劣，5 年后草场上的牧草几乎完全消失，被毒杂草取代。因此，披碱草属植物人工草地一直难以持续发展，刘世贵等（1994）认为水热条件是影响其生长的主要因子，温度、降水、海拔高度的变化，使得群落向不同方向演替，随着降水和土壤水分减少，草层变矮，群落朝着线叶篙草草地演替。披碱草属植物群落的最佳立地条件除了水热条件之外，其中土壤速效养分的含量、土壤表层结构、土壤种子库的物种及数量组成、杂草入侵等对群落也有影响，披碱草属群落的衰退过程及衰退速率也在很大程度上取决于上述因子的劣变程度及其速度。以垂穗披碱草为例进行说明。

一、引起垂穗披碱草人工草地群落退化的原因

1. 水热条件

垂穗披碱草种群在不同生长发育时期，地上各部分生物量是有变化的，从返青到完熟处于不断增长的过程，月初达最大值，中旬开始减少，种群地上净生物量与生态因子和生育年龄有关，在生育翌年最高，种群生长速率在拔节后期至开花期达到高峰，最佳刈割时间是在乳熟期，该草对水热条件要求不高，适合在高寒地区栽培，但是在早春，≥5℃的有效积温和降水量又是限制垂穗披碱草生长发育速度的主导因子（王启基等，1990）；在它的整个生长季中，其营养成分含量也随着季节的不同有变化。粗蛋白含量在 6—7 月最高，枯草期最低，而酸性洗涤纤维含量在整个生长季中是呈"U"形曲线变化的，青草期各营养成分降解率均高于枯草期，而且各营养成分降解率最大值出现的时间差不多（刘世贵等，1994；严学兵等，2005）。因此，草地经营管理者可以根据牧草的营养成分含量的季节变化来制定家畜的饲养和补饲。

2. 土壤条件

披碱草属植物群落的最佳立地条件除了年降水量之外，其中土壤速效养分的含量、土壤表层结构和土壤种子库的物种及数量组成也对群落有明显的影响。以高寒草地垂穗披碱草群落为例，就植被性状而言，随着垂穗披碱草优势地位的确立，由于其对水、肥、光资源的竞争优势，使得下繁草类的生长受到强烈制约，因而群落的物种丰富度和多样性指数处于较低水平。随着演替的进行，垂穗披碱草的优势地位开始下降，生境异质性随之增加，部分对土壤肥力要求较低和相对耐阴的多年生物种开始在群落中取得适宜于自身生存的空间，物种丰富度和多样性指数因此而迅速上升，随着根茎型、密丛型等物种增加，垂穗披碱草的优势地位彻底丧失，部分竞争力相对较弱的杂类草由群落中退出，物种丰富度和多样性指数在小幅下降后趋于稳定（刘蓉，2010）。因此土壤肥力的变化是推动草地优势种群演替的基本驱动力，也是决定植被演替速率、形态和方向的核心要素。特别值得关注的是，代表土壤肥力状况的有机质、硝态氮、水分、容重等各项指标与垂穗披碱草优势度和生物量均表现为负相关关系，即随着垂穗披碱草优势度的下降而缓慢回升。垂穗披碱草优势度和生物量由低到高的演替过程是一个对土壤肥力的消耗过程，当优势度和生物量达到峰值时，恰好与土壤肥力的最低值相对应，之后，随着垂穗披碱草优势度和生物量逐渐衰退，草地对土壤肥力的消耗也随之减少，当突破积累还原与消耗的平衡点时，土壤肥力便表现出逐渐恢复上升的过程。

对于垂穗披碱草群落的衰退演替，有人认为主要源于其自然寿命和生理活力的限制。周华坤等认为，人工建植的垂穗披碱草草地，其高产期一般仅有一年，因而断定其属于短寿牧草，3~4年后因个体生理活力的下降而必然导致整个种群的衰退。然而，大量的研究同时表明，在采取施肥、除杂等条件下，高产期可延长至7~8年，这至少说明了垂穗披碱草群落的衰退不能简单地归因于寿命因素，支持其生命活力的环境因素，特别是肥力因素可能具有更为重要的意义。马玉寿等（2006）研究表明，铵态氮等直接或间接反映土壤氮素水平的指标均与垂穗披碱草优势度表现为显著负相关关系的事实说明，失去氮素支持是导致垂穗披碱草衰退的一个重要原因。磷素和土壤水分也是决定垂穗披碱草群落演替走向的影响因素，至少在决定氮素的利用效率中起有重要作用。另外，在自然群落中，土壤种子库中贮存有大量垂穗披碱草种子，这些种子在适宜的条件下，随时都可成为种群的新生成员，以弥补或扩增种群因各种自然因素造成的个体或空间缺失。因此，自然种群并非由同一年龄的个体组成，而是不同年龄个体的集合，从这个角度看，垂穗披碱草群落的自然衰退也不能单纯地归因于个体寿命的终结。侯扶江等（2002）提出，草地退化不仅是植被和土壤的退化，也是两个子系统耦合关系的丧失和系统相悖所致。对于垂穗披碱草群落而言，垂穗披碱草的衰退同样是土壤性状与植被现状已发生背离的结果，而其中最重要的生态过程是植被的异质化所导致的土壤某些元素的异质化（程晓莉等，2003），这种异质化的表现集中体现在土壤氮素含量的变化。因此，要维持垂穗披碱草群落稳定性，必须根据其不同演替阶段土壤肥力的变化规律采取不同的调控策略，特别要通过采取补充土壤氮素的措施，使之始终保持与垂穗披碱草实际需求相适应的肥力水平。

3. 杂草入侵

张宝琛等（1989）认为，垂穗披碱草群落自然退化速度与杂类草细叶亚菊入侵程度有密切的相关性，垂穗披碱草种子在萌发过程中排出的代谢物能促进细叶亚菊种子萌发，细叶亚菊通过种子在草场上迅速蔓延并形成优势种与牧草竞争，另外细叶亚菊挥发油抑制垂穗披碱草种子萌发和幼苗生长，表现出生化相克作用。另外，披碱草本身也存在种内生化相克作用，但是与它们之间的种间生化他感作用相比要弱得多，基本可以忽略不计。杨建等（2009）发现唐古特大黄药材水浸提液存在着化感作用，可以使垂穗披碱草种子萌发率和萌发速率降低，同时对根长和芽长、幼苗的生长也有明显的抑制作用，其作用随浓度的提高而增强，对种子萌发的影响将会直接影响植物在群落中的多度，以及植物的竞争能力。

4. 刈割和过度放牧

刈割和过度放牧也会对垂穗披碱草群落演替产生影响，刈割是草地利用和管理的一种方式，它对植物影响与刈割时间、刈割程度和刈割方式有关系，由于各个牧草的生长特性不同，同样的刈割对不同牧草的生物量和质量的影响差异很大。王海洋等（2003）认为早期轻度刈割有利于垂穗披碱草补偿性再生，后期过度刈割会严重的影响垂穗披碱草的繁殖和生长，且随着垂穗披碱草种群密度的增加，刈割的影响程度增加。

放牧是一种干扰因素，通过不同方式影响植物群落结构和组成。研究表明放牧有利于竞争力弱但又耐牧的植物存活，增加草地物种多样性。高英志等（2017）研究表明，也可以通过放牧改变土壤环境而影响生产力。中度放牧能维持高的物种多样性，符合"中度干扰理论"。董全民等（2008）认为，随着放牧强度增加，垂穗披碱草和星星草高寒混播草地中优良牧草比例减小，垂穗披碱草和星星草的高度与盖度降低，导致混播草地出现退化趋势。

二、垂穗披碱草草地定向调控措施

高寒草甸类草地由于人为不合理的利用，如放牧利用时间较长，土壤变得贫瘠，土壤表层可形成一个坚韧而致密的草根絮结层，这一结构常常会降低土壤通透性，限制土壤肥力的释放，使得产草量下降，限制了高寒草甸生产力的提高。

根据垂穗披碱草群落形成机理以及垂穗披碱草对土壤通透性和资源的高要求，人工定向培育垂穗披碱草群落的基本措施至少应包括与改善土壤表层结构和肥力条件相对应的技术环节，即划破草皮或松耙土层和施肥措施。划破草皮的作用机理是为种子库中垂穗披碱草种子的萌发和出苗创造良好的土壤条件与立地空间，对土壤表层施以适度的物理干扰，可以提高高寒草甸类草地的土壤温度和土壤通透性，从而为微生物创造良好的活动条件，最终间接提高土壤潜在肥力的有效性和增加植物种子的繁殖效率。但在种子库中垂穗披碱草种子严重不足的情况下，为了加快垂穗披碱草群落形成进程，结合松耙实施补播也是必不可少的技术环节。此时，播量应视草地的具体情况灵活掌握，但最大播量无需超过耕翻建植型草地播量的70%。在禁牧、松耙、施肥和补播综合技术措施的作用下，由天然草地到垂穗披碱草草地的演替过程可在当年完成，垂穗披碱草在群落中的比重达到30%～75%，至翌年达到峰值，生物量比重一般为65%～90%，第3年出现回落趋势，但降幅一般在15%以下。在此过程中，土壤养分特别是速效养分表现为由低陡然增高，之后又急剧下降的变化。因此，要保持垂穗披碱草群落基本性状的相对稳定，必须从第3年开始不断补充土壤养分，使其始终维持在一个适量的水平。当垂穗披碱草在群落中的比重接近或低于30%时（一般在5～7年后），需要重复使用先前的组合措施予以彻底更新。

禁牧、松耙、施肥、补播、灭杂和灭鼠等人工调控措施的综合利用是退化垂穗披碱草人工草地持续利用的关键，适当的人工调控可显著提高垂穗披碱草人工草地的生产力，防止该类人工草地的快速衰退（马玉寿等，2006）。

第十三章 我国主要披碱草属植物简介

第一节 老芒麦

老芒麦，拉丁学名：*Elymus sibiricus* Linn.。多年生疏丛型中旱生植物，又称为西伯利亚披碱草、垂穗大麦草等，是披碱草属的模式种。老芒麦是草甸草原群落中的重要组成成分，能形成优势种和建群种。

一、种质资源分布

老芒麦种质资源分布广泛，苏联的东南部、欧洲部分地区、西伯利亚、远东、哈萨克斯坦、蒙古、中国以及日本等均有分布。我国野生老芒麦分布亦较广，在东北、内蒙古、西藏、四川、甘肃、新疆、山西、河北、青海、陕西和宁夏等多个省区都有分布（郭本兆，1987）。对于老芒麦的研究最早开始于苏联、英国和法国，1927年苏联将其作为新的牧草栽培，20世纪50年代吉林省畜牧研究所将老芒麦驯化，至20世纪60年代才陆续在生产上推广应用（吴昊等，2013）。

二、植物学特征

老芒麦秆单生或形成疏丛，直立或基部的节曲膝稍倾斜，株高70~120cm，具3~5节，全株呈绿色。叶片较扁平，长10~20cm，上表面粗糙或疏被微柔毛，下表面平滑。穗状花序较疏松且下垂，穗轴边缘粗糙或具有小纤毛；颖披针形或条状披针形，脉明显而且粗糙，先端尖或者具长3~5mm的短芒；外稃披针形，背部粗糙（全部密生微毛）或无毛，上部具明显的5脉，且脉粗糙，顶端的芒粗糙且反曲；内稃与外稃几乎等长，先端2裂，脊上全部具小纤毛，脊间被稀少而微小的短毛。种子千粒重为3.5~4.9g（内蒙古植物志编辑委员会，1994）（图13-1）。

三、生物学及生态学特性

老芒麦植株分蘖力强，播种当年分蘖数一般为20~40个；根系集中在土壤

拔节期老芒麦　　　　　　　　　　　　　　灌浆期老芒麦

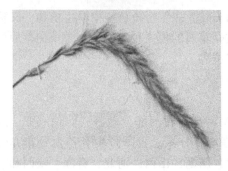

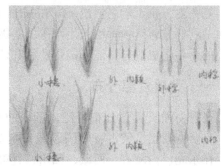

老芒麦穗子（卢红双供）　　　　　老芒麦小穗及内外秤、内外颖（卢红双供）

图13-1　老芒麦

表层，随着生长年限的增加而增加，对土壤的适应性较广，适于在弱酸性或微碱性腐殖质土壤中生长。此外，老芒麦叶量丰富，营养枝条较多，分布均衡。草群质量集中于基部，产草量及产种量以翌年为最高峰。种子发芽最适宜温度为15～25℃，在适宜温度和水分条件下7～10d即可出苗。适宜的利用年限为4～5年，寿命约10年（马宗仁和郭博，1991；吴勤，1992；武保国，2003）。

老芒麦属长日照植物，翌年返青较早，且其抗寒力较强，在-40～-30℃的低温和海拔4 000m左右的高寒区都能安全越冬。对土壤要求不严，在一般盐渍化土壤上也能生长，并具有一定的耐湿性和耐旱性，但比披碱草稍差。老芒麦耐牧性也较强，收割后的茬地仍可以放牧（买买提·阿布来提等，2008；周国栋等，2011）。老芒麦虽然结实率高，但是其最大的缺点是落粒较多，且易老化。因此如何降低其落粒性及延长其寿命是目前急需解决的瓶颈问题。

四、我国国审的老芒麦品种

截至目前，我国共培育出了 8 个老芒麦品种，但均为特定区域驯化选育品种，适应性有限，推广利用范围狭窄，不能满足当前草畜业生产及生态建植发展的需要，所以老芒麦的育种工作亟待进一步加快开展。老芒麦种质资源丰富，截至目前我国共收集到 700 余份野生老芒麦种质，这为老芒麦育种提供了极为便利的条件（表 13-1）。

表 13-1　我国老芒麦品种审定登记情况

编号	种质名称	种质类别	年份	申报单位	适应地区
1	吉林老芒麦	地方品种	1988	中国农业科学院草原研究所	内蒙古、辽宁、吉林、黑龙江等省区
2	川草一号老芒麦	育成品种	1990	四川省草原科学研究所	川西北高原地区和四川省内山地温带气候区
3	川草二号老芒麦	育成品种	1991	四川省草原科学研究所	川西北高原地区和四川省内山地温带气候区
4	农牧老芒麦	育成品种	1993	内蒙古农牧学院草原科学系	内蒙古中东部地区及我国北方大部分省区
5	青牧一号老芒麦	育成品种	2004	青海省牧草良种繁殖场等单位	青海省海拔 4 500m 以下高寒地区
6	同德老芒麦	野生栽培品种	2004	青海省牧草良种繁殖场等单位	青海省海拔 2 200～4 200m 的地区
7	阿坝老芒麦	野生栽培品种	2009	四川省阿坝大草原草业科技有限责任公司等单位	四川阿坝海拔 2 000～4 000m 地区栽培，能够获得较高的种子和牧草产量
8	红原老芒麦	野生栽培品种	—	—	—

注：引自全国草品种审定委员会审定通过草品种名录。

五、利用价值

老芒麦适应性强，营养物质含量丰富，是披碱草属牧草中饲用价值最高的一个种类。草群中具有较多叶量，可以调制成优质干草，据对老芒麦开花期的样品进行分析，干物质为 91.56%，粗蛋白质为 11.62%，适口性好，马、牛、羊等大小家畜均喜采食（张成才，2019）。老芒麦还可以用来放牧、青饲、青贮，也可以制成草粉喂猪、兔和鱼。

六、栽培管理技术要点

播种前对种子采用碾压等方式进行种子断芒处理，选种时用种子清选机或人工筛选。播种前施肥根据土壤肥力状况施入适量的肥料。种子田播种宜采用条播方法，行距为30cm，播种深度为3~4cm。人工草地可采用条播或撒播，条播行距为15~30cm，播种后需要耙耱覆土。遵循适量播种、合理密植的原则。人工草地播种量每公顷22.5~30.0kg，种子田播种量每公顷15.0~22.5kg较宜。根据气候和土壤水分状况确定适宜的播种期，以春播为宜，春播在4—5月进行，在春旱严重地区宜采取夏播，夏播在6—7月进行。在牧草拔节至孕穗期，有灌溉条件的，应及时灌水1次，同时每公顷追施尿素75~150kg。种子田应在分蘖期用中耕除草机或化学除莠剂除草。播种当年禁牧，翌年后方可放牧或刈割。刈割用草地的刈割次数为每年1~2次，刈割期为牧草始花期，刈割留茬高度4~6cm。种子田和刈割草地刈割后秋季不能利用。当穗状花序下部种子成熟时及时收获牧草种子。

第二节　垂穗披碱草

垂穗披碱草，拉丁学名：*Elymus nutans* Griseb.。多年生疏丛型牧草，又名钩头草、弯穗草。

一、种质资源分布

垂穗披碱草原为野生种，在俄罗斯、土耳其、蒙古和印度、喜马拉雅也有分布。模式标本采自喜马拉雅。多生于草原或山坡道旁和林缘。在我国内蒙古、河北、陕西、甘肃、宁夏、青海、新疆、四川和西藏等地区均有种植。在青藏高原海拔2 500~4 000m的高寒湿润地区为建群种。

二、植物学特征

高度一般为50~70cm，人工栽培种植的高度有时可达80~120cm。根茎为疏丛状，根系发达，为须状。茎秆直立，3~4节，基部节稍膝曲。叶扁平，长为6~8cm，宽则为3~5mm，着生稀疏柔毛，叶鞘（基部者除外）均短于节间。叶舌极短，长约0.5mm。穗状花序排列较紧密，小穗多偏向于着生在穗轴的一侧，常弯曲，先端下垂，长度为5~12cm，穗轴每节一般着生有两个小穗；而靠近顶端的各节，仅着生一个小穗，基部具有不育的小穗，小穗的梗短或者无；小穗为绿色，成熟时带有紫色，长度12~15mm，每小穗含有3~4个小花，但其中仅2~3个小花是可育。颖呈长圆形，具3~4脉，长4~5mm，具1~4mm长的短芒；外稃长披针形，具5脉；芒长为12~20mm，表面粗糙，向外反曲或者稍展开，内稃与外稃具有5脉，等长，先端钝圆或者截平。花药成熟后变成黑色，种子呈披针形，紫褐色，千粒重可达2.85~3.2g。垂穗披碱草有强大的须根系，多集中在15~20cm的土层中，深者可达1m以上（图13-2）。

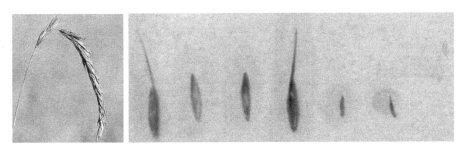

图13-2　垂穗披碱草穗子及其内外稃与内外颖（卢红双供）

三、生物学及生态学特性

垂穗披碱草的茎叶茂盛，当年的实生苗只能抽穗，生长到翌年，一般在4月下旬至5月上旬返青，会在6月中旬至7月下旬抽穗开花，并于8月中下旬种子成熟，其全生育期102~120d。垂穗披碱草具有发达的须根，其根茎分蘖能力较强，当年的实生苗一般可以分蘖出2~10个，而当土壤疏松时，则可分蘖出22~46个，生长到翌年的植株，分蘖数高达30~80个，其中有半数以上的分蘖枝能开花结实。抗寒能力强，幼苗能耐低温的侵袭，当气温低至-38℃时，也能安全越冬，且越冬率高达95%~98%。对土壤要求不严，可以在各种类型的土壤中生长。其抗旱能力较强，根系入土深度能够达88~100cm，使其可以利用土壤中的深层水，但不能耐受长期的水淹。

垂穗披碱草具有返青早，植株生长旺盛且分蘖多，开花前期的营养价值高而适口性较好，同时该草便于采集后栽培驯化，该草的种子产量一般情况可达375~1 125kg/hm²，有研究指出当含水量在50%~60%时种子成熟可收获。垂穗披碱草经栽培驯化后，已在青海各地广泛种植，被用于建立人工打草场以及放牧兼用的人工草场。在西北地区，垂穗披碱草被广泛应用于改善生态环境条件、水土保持等。同时，该草已在西北地区被广泛引种（陆光平等，2002）。

四、我国国审的垂穗披碱草品种

截至目前，我国共培育出了4个垂穗披碱草品种（表13-2）。

表13-2 我国垂穗披碱草品种审定登记情况

编号	种质名称	种质类别	年份	申报单位	适应地区
1	甘南垂穗披碱草	野生栽培品种	1990	甘肃省甘南藏族自治州草原工作站	在我国海拔4 000m以下，降水量350mm以上的地区均可种植。尤其适宜于海拔3 000~4 000m，降水量450~600mm的高寒阴湿地区种植
2	康巴垂穗披碱草	野生栽培品种	2002	四川省草原工作总站、四川省金种燎原种业科技有限责任公司、甘孜藏族自治州草原工作站	适宜在四川西北海拔1 500~4 700m的高寒牧区种植
3	阿坝垂穗披碱草	野生栽培品种	2010	四川省草原科学研究院	适宜在四川阿坝海拔3 000~4 500m的地区种植。
4	康北垂穗披碱草	野生栽培品种	2017	四川农业大学、西南民族大学、甘孜藏族自治州畜牧业科学研究所、四川省林丰园林建设工程有限公司	适宜在我国青藏高原东南缘年降水量400mm以上的地区种植。

五、利用价值

垂穗披碱草质地较柔软，无刚毛、刺毛、无不良气味，易调制成干草。该草从返青到开花前的这一阶段是马、牛、羊最喜食的，同时调制成的青干草，也是马、牛、羊在冬春季节优良的保膘牧草。其营养价值在开花前较高属于中上等牧草（严学兵，2005）。

该草具有小麦等麦类农作物所不具备的抗寒、耐盐碱、抗旱、抗病、抗虫、高产等优良基因，该草粗蛋白质含量高、营养丰富，产量也高。可用于建植人工草地和放牧草地，是退化草地补播和改良的主要草种。在生态环境造成破坏的地区，种植野生垂穗披碱草能够起到很好的覆盖作用，减少水土流失和土壤沙化现象。

六、栽培管理技术要点

垂穗披碱草播种前一年要求夏、秋季深翻地，适当施入底肥，并对种子作断芒处理。垂穗披碱草春、夏、秋季均可播种。高寒牧区多在春季播种，以清明前后为宜，气候稍暖地区可以早播或夏秋播，夏播最迟不得超过6月下旬。在旱作栽培条件下，雨季（7—8月）播种是抓全苗的关键措施。当年播种时，应对土地进行耙耱、镇压。在高原山区以4月下旬至5月中旬播种为宜，播种量1~1.5kg/亩，行距15~30cm，播深3~5cm。有灌水条件的地区，应早播，有利提高当年产量。种子田需条播，行距 15~30cm，播种量 1~2kg/亩。大面积草田可采用撒播或条播，播种量增加 50%，播种深度 3~5cm，播后镇压。

垂穗披碱草播种当年，幼苗生长缓慢，易受杂草为害，应选用适宜的化学除莠剂，如 2，4-D 丁酯乳油或人工除草 1~2 次，有条件的地方可在拔节期灌水 1~2 次。生长第 2~4 年的产量较高，第 5 年后产量开始下降，因此，从第 4 年开始进行松土、切根和补播，可延长草场使用年限。垂穗披碱草在生长过程中容易感染锈病和白粉病。锈病发生较严重时，可喷粉锈宁等。为了预防白粉病，播种前可用粉锈宁拌种。发病时，可选用粉锈宁、甲基托布津、多菌灵等药剂喷雾防治。如孕穗后发病，要尽快刈割。苗期有时发生蝗虫、草原毛虫类、秆蝇类等虫害，可用高效氯氰菊酯及时防治。喷药后 15d 内禁止刈割和放牧。

播种当年可以在冬季土壤结冻后，有控制地轻度放牧。晚秋与早春严禁放牧，以免因牲畜贪青啃食造成破坏。刈牧兼用草地放牧利用时应划区轮牧，草高 15cm 时开始放牧，高度下降到 5cm 停止放牧。收草应在花期进行，收种应在全田果穗 60%变黄时进行，迟则种子脱落。收种和刈割牧草的留茬均在 5~7cm 为宜。

第三节　披碱草

披碱草，拉丁学名：*Elymus dahuricus* Turcz.，又名碱草、直穗大麦草、青穗大麦草。

一、种质资源分布

披碱草主要分布于北寒温带的西伯利亚、中亚、远东、蒙古、朝鲜、中国、日本与印度北部、土耳其东部；我国分布于东北、华北、西北和西南地区。整个分布呈东北至西南走向，横跨黑龙江、吉林、辽宁，经内蒙古东部，锡林部勒盟、乌兰察布盟南部，河北坝上地区，阴山山地、伊克昭盟等地，进入山西、陕西、宁夏、甘肃以至四川西北部而达青海及新疆等地。此外，云南昆明附近亦发现有分布。模式标本采自苏联外贝加尔。

披碱草栽培历史不到百年，我国 20 世纪 50—60 年代开始引种驯化。先后在河北察北牧场、甘肃山丹军马场、内蒙古锡林郭勒盟种畜场和新疆、青海、黑龙江等省自治区对披碱草野生种进行栽培驯化。

二、植物学特征

披碱草疏丛，秆直立，高 70~140cm，基部膝曲。叶鞘光滑无毛；叶片扁平，稀可内卷，上面粗糙，下面光滑，有时呈粉绿色，长 15～25cm，宽 5～9（12）mm。

穗状花序直立，较紧密，长 14～18cm，宽 5～10mm；穗轴边缘具小纤毛，中部各节具 2 小穗而接近顶端和基部各节只具 1 小穗；小穗绿色，成熟后变为草黄色，长 10～15mm，含 3～5 小花；颖披针形或线状披针形，长 8～10mm，先端具长达 5mm 的短芒，有 3～5 条明显而粗糙的脉；外稃披针形，上部具 5 条明显的脉，全部密生短小糙毛，第一外稃长 9mm，先端延伸成芒，芒粗糙，长 10～20mm，成熟后向外展开；内稃与外稃等长，先端截平，脊上具纤毛，至基部渐不明显，脊间被稀少短毛（苏加楷等，2004）（图 13-3、图 13-4）。

图 13-3　扬花期披碱草穗子

图 13-4　披碱草株高

三、生物学及生态学特性

披碱草在播种当年苗期生长很慢，春播条件下，播种当年部分枝条可进入花期，但不能结实，至翌年后即可完成整个生育期。在适宜的条件下，播种后 8～9d 就可出苗，当出现 3 片真叶时开始分蘖和产生次生根，从而进入快速生长期。

　　披碱草分蘖能力强，一般可有 30~40 个，最高可达 100 个。一般在 4 月中下旬或 5 月初返青，此时日平均气温为 9~11℃，7 月中旬开花，8 月上旬种子成熟。生育期为 100~126d。从返青至拔节需 60~65d，拔节至抽穗为 13~15d，抽穗至开花为 7~10d，开花至种子成熟为 20~25d。披碱草生育期有随栽培年限增加而减少趋势。生活第 2、3 年为 124d，第 4 年为 116d，第 5 年为 114d。从返青至拔节以前，无论其生长强度及生长速度均较缓慢，从拔节至开花则较迅速，以后生长又趋于缓慢。不同年龄披碱草，其生长势有较大差别，翌年及第 3 年无论其生长速度及生长强度均较一致，但第 4、5 年均明显减弱，披碱草是短寿命多年生牧草，其可利用年限和老芒麦基本相同，一般只能利用 3~4 年，以后产量急剧下降。在旱作条件下，披碱草一年只能刈割 1 次。为了不影响越冬，应在霜前一个月结束刈割，留茬以 8~10cm 为好，以利再生和越冬。

四、利用价值

　　披碱草具有较高的产草量，产草量以利用的第 1、2 年为最高，以后逐渐下降。

　　适宜的利用年限为 2~4 年。分蘖期各种家畜均喜采食，抽穗期至始花期刈割所调制的青干草，家畜亦喜食。迟于盛花期刈割调制干草，茎秆粗硬而叶量少，可食性下降，利用率下降。调制好的披碱草干草，颜色鲜绿，气味芳香，适口性好，马、牛、羊均喜食。绿色的披碱草干草制成的草粉亦可喂猪。青刈披碱草可直接饲喂家畜或调制成青贮饲料喂饲。

　　披碱草最初引进我国，是把它当作多年生牧草。现在随着其使用范围越来越宽广，人们不断挖掘其他作用，如在一些公园、小区或学校里面种植披碱草，具有一定观赏价值，可以起到绿化作用。对于披碱草这一种类型的草籽来说，根系都比较发达，并且能深入土壤 100cm 左右。所以它能够较好地将一些土壤凝固在一起，从而起到巩固水土的作用，目前广泛应用于小区或庭院中，可保护水土，防止其流失。

　　目前我国的披碱草品种仅有 1990 年河北省张家口市草原畜牧研究所登记的察北披碱草，是野生栽培品种，适应于寒冷、干旱地区栽培，如河北省北部、山西省北部、内蒙古、青海、甘肃等地区均可种植。

五、栽培管理技术要点

　　播种前可以施入有机肥 1 000~1 200kg 作为基肥。披碱草种子上芒稍长，播前要清选去芒，可春播，也可夏播和秋播。单播每亩播种量为 1~2kg，行距 30cm，覆土深 2~4cm，播后镇压。披碱草可与麦类、豆类作物混作，也可与粟、紫花苜蓿间作。

披碱草苗期生长较慢，易受杂草侵害，可在分蘖前后中耕除草 1 次，也可用化学除草剂消灭杂草。在拔节和刈割后要及时灌溉和中耕松土，并结合灌溉追施速效氮肥，如硫酸铵、尿素等。如果幼苗干旱缺肥，可适量追肥和灌水 1 次。翌年以后，可根据杂草发生和土壤板结情况，及时中耕除草和松土 1~2 次，并及时补种缺苗。披碱草常发生秆锈病，发病时叶、茎和颖上产生红褐色粉末状疮斑，后期变为黑色，可用敌锈钠、代森锌、石硫合剂或萎锈灵进行防除。

披碱草每年刈割 1~2 次。在生育期较短、气候干燥、土壤贫瘠的地方，一年只能刈割一次。在气候温暖湿润、管理水平较高的地方，一年可刈割两次。采种要在穗头变黄、茎秆仍为绿色时收获。

第四节　肥披碱草

肥披碱草，拉丁学名：*Elymus excelsus* Turcz.，别名高滨麦。

一、种质资源分布

肥披碱草在世界上主要分布在北半球的寒温带，我国的近邻蒙古、苏联、朝鲜、日本以及伊朗、土耳其等国家都有分布，呈非地带性分布。肥披碱草在我国的分布区位于北纬 30°~50°、东经 100°~120°内。整个分布区从东北向西南呈一带状，即从寒温带针叶林区，经内蒙古东部及东南部，过黄河进入陕西、四川而止于青海东部。在我国主要分布在东北、华北、西北等地的干草原、森林平原地带的山坡、草地稍湿润的地方以及沙丘，成为草原植被中的重要组成植物。目前在东北、内蒙古、河北、宁夏、甘肃、青海等地已广泛驯化栽培。

二、植物学特征

植株粗壮，主要依靠种子繁殖。根须状，秆直立粗壮，疏丛状，高 140~170cm，粗达 6mm。叶鞘无毛，有时下部的叶鞘具短柔毛；叶片扁平，长 20~30cm，宽 10~16mm，两面粗糙或下面平滑，常带粉绿色。穗状花序直立，粗壮，长 15~22cm，穗轴边缘具有小纤毛，每节具 2~3（4）枚小穗；小穗长 12~15（25）mm（芒除外），含 4~5 小花；颖狭披针形，长 10~13mm，具 5~7 个明显而粗糙的脉，先端具长达 7mm 的芒；外稃上部具 5 个明显的脉，背部无毛，粗糙，先端和脉上及边缘被有微小短毛，第一外稃长 8~12mm，先端延伸成芒，芒粗糙，反曲，长 15~20mm，亦有长达 40mm 者；内稃稍短于外稃，脊上具纤毛，脊间被稀少短毛（图 13-5）。

图 13-5　肥披碱草穗部特征

三、生物学及生态学特性

肥披碱草为多年生疏丛型禾草。播种当年不能抽穗、开花，一般只能达到拔节期，为典型的冬性禾草。翌年可以完成整个生育期。抗寒性良好，一般能耐-30℃的低温。根系发达，主要分布在 0~30cm 的土层中。肥披碱草经引种栽培后，茎叶变化的幅度依栽培条件为转移，栽培条件越好，变化越大，可见，它对水、肥的反应较敏感。肥披碱草开花持续时间较短，为 5~9d。首先在穗状花序中 1/3 处开花，逐渐向上、下延续开花，小穗开花延续时间为 6~8d，较本属其他种为短。肥披碱草一天开花的时间，一般在 13~16h 达最高峰，开花高峰期仅 2 或 3h。开花时所需温度较高，为 26~37℃。肥披碱草具有广泛的土壤适应性，耐旱、耐盐碱，同时抗寒并抗风沙。

四、利用价值

肥披碱草饲用价值较高，为品质优良牧草。肥披碱草返青早，适口性强，叶量较丰富，生长前期草质较好，在开花以前刈割的青干草，为各种家畜所喜食，开花成熟后，纤维含量剧增，茎叶变硬，适口性降低。因此，应提前在不晚于抽穗期利用，可以提高该草利用率，其化学成分及有机物质消化率也均较高。肥披碱草产草量和种子产量均较高，较适宜于在轻度及中度盐渍化的土壤上栽培。因此，该草是干旱和半干旱地区栽培驯化很有前途的优良牧草。

五、栽培管理技术要点

种子要精选去芒，春、夏、秋三季均可播种，割草地每亩播种量为 1.5~2kg，条播，行距 30cm 左右，覆土 3~4cm 为宜。种子田也可适当减少播量的 25%~30%，使行距加大为 45~50cm。该草初期生长缓慢，应注意灭杂草。播种当年产量不高，为了增加经济收益，可与一年生麦类，豆类、油料等作物间种，其中与谷子间种，增产效果显著，也可和紫花苜蓿间种，及时中耕除草，疏松土壤。拔节至穗期，有灌溉条件的地方，可以结合施肥灌水 1~2 次。一般年刈割 1 次，再生草可放牧利用，种子田要及时收获，当有 50%~60% 的小穗变黄时，即可收种。

第五节　短芒披碱草

短芒披碱草，拉丁学名：*Elymus breviaristatus*（Keng）Keng f.，为国家二级保护植物。

一、种质资源分布

分布于中国宁夏、新疆、四川和青海等省区，模式标本采自四川省雅龙江岸。

二、植物学特征

秆疏丛生，具短而下伸的根茎，直立或基部膝曲，高约 70cm，基部常被有少量白粉。叶鞘光滑，叶片扁平，粗糙或下面平滑，长 4~12cm，宽 3~5mm。穗状花序疏松，柔弱而下垂，长 10~15cm，通常每节具 2 枚小穗，有时接近先端各节仅具 1 枚小穗，穗轴边缘粗糙或具小纤毛；小穗灰绿色稍带紫色，长 13~15mm，含 4~6 小花；颖长圆状披针形或卵状披针形，具 1~3 脉，脉上粗糙，长 3~4mm，先端渐尖或具长仅 1mm 的短尖头；外稃披针形，上部具 5 脉，全部被短小微毛或有时背部平滑无毛，或边缘两侧被短刺毛，第一外稃长 8~9mm，顶端具粗糙的短芒，芒长（1）2~5mm；内稃与外稃等长，先端钝圆或微凹陷，脊上具纤毛，至下部毛渐不显，脊间被微毛。本种与老芒麦很相似，但颖短小无芒，以及外稃仅具短芒，可以区别（图 13-6）。

图13-6　短芒披碱草（卢红双 供）

三、生物学及生态学特性

短芒披碱草适应性很强，喜阳光，耐干旱，适宜于中性或微碱性含腐殖质的沙壤土，能在-36℃的低温也能安全越冬，耐碱性强，在 pH 值为 8.5 的土壤上生长发育良好，对土壤要求不严格。短芒披碱草逐渐成为青海牧区退耕还林（草）、草地建设以及"三江源"生态建设工程中最适宜的优良牧草品种之一。且现已被广泛运用于四川、青海等省高寒地区的人工草地建植和草地放牧及天然草地改良。短芒披碱草属于国家二级保护植物，加强对其保护，避免其走向濒危边缘有着积极的作用和意义。

目前我国的短芒披碱草品种仅有 2006 年青海省牧草良种繁殖场、青海省畜牧兽医科学院草原研究所登记的野生栽培品种，适宜青藏高原海拔 4 200m 以下及其他类似地区种植。

四、利用价值

牧草质地柔软，牛、羊等牲畜喜食。其蛋白质含量达干物质的 9.2%～11.5%，在天然草地禾本科草中是蛋白质含量比较高的物种，粗纤维含量较低，属中上等禾草。

五、栽培管理技术要点

整地要求不严，基本栽培方法同其他披碱草属植物。可以施羊粪作为底肥，每亩可施 2 500kg，每年于牧草拔节时施尿素 4 560kg/hm^2。

第六节　麦薲草

麦薲草，拉丁学名：*Elymus tangutorum*（Nevski）Hand. –Mazz. 。

一、种质资源分布

主要分布于尼泊尔，我国内蒙古、山西、云南、甘肃、河北、青海（玉树、称多、门源、泽库、兴海等）、四川、新疆和西藏等省区也有分布。

二、植物学特征

秆基部膝曲，高 70～150cm，具 4～5 节。叶鞘光滑无毛，叶舌截平，长 0.5～1.0mm；叶片扁平，长 9～18cm，宽 3～6mm，上面粗糙或疏生柔毛，下面光滑。穗状花序直立，较紧密，小穗稍偏于一侧，绿色稍带紫色，含 3～4 花；颖披针形或条状披针形，长 7～8mm，脉明显而粗糙，先端尖或其短芒；外稃圆状披针形，上部脉明显，顶端芒粗糙，长 5～10mm，第一外稃长 8～9mm；内稃与外稃等长。颖果（种子）披针形（图 13-7）。

图 13-7　麦薲草（PPBC 中国植物图像库）

三、生物学及生态学特性

麦薲草是一种早熟性草，播种后 20d 左右出苗，45d 后进入分蘖期，65d 后进入拔节期。栽培翌年 4 月下旬开始返青，5 月中旬开始进入分蘖期，30d 后进入拔节期，6 月下旬开始孕穗，至 7 月中旬开始抽穗，8 月初进入开花期，9 月中旬进入完熟期。麦𦬊草的生育期天数平均在 140d 左右。麦𦬊草生育期随栽培年限延长而缩短，到 3 龄后生育期基本趋于稳定。麦𦬊草在拔节之前应注意及时消灭杂草，拔节之后是追肥、灌水的最佳时期。麦𦬊草的再生性中等，不如老芒麦、披碱草强，但比垂穗披碱草、肥披碱草再生性好，北方一般每年仅刈割利用 1 次。

麦𦬊草的适应性较强，它可以在海拔 3 000m 的青海高原上及川西高原 3 000~3 600m 的地带生长，具有较强的抗寒性，在-35℃低温下能安全越冬。麦𦬊草属于中生植物，在孕穗至抽穗期要求水分较多，此时缺水，种子及产草量则受影响。该草不耐夏季高温。麦𦬊草对土壤要求不严，一般在钙土、栗钙土及沙壤上均能生长，以肥沃的壤土生长良好。

四、利用价值

质地柔软，无异味，营养成分含量较好，各种牲畜喜食，尤其以大家畜为宜，其饲料产量也较高，麦𦬊草可以青饲（放牧）刈割调制干草，也可以青贮，以干草利用最为普遍。

五、栽培管理技术要点

一般北方春播，南方秋播，播后一周即可出苗，多采用单播或者与豆科牧草混播（紫花苜蓿、沙打旺）。条播行距 15~30cm，混播者可采用间行条播。单播每亩播种量 2kg，混播减半，播种深度 2~3cm。北方干旱地区播后需及时镇压。

麦𦬊草苗期生长缓慢，易受杂草抑制，应及时消灭杂草。生育过程中对水分要求较多，干旱时产量显著下降，应分别在拔节期、孕穗期、抽穗期及开花期灌水，如条件允许还应在孕穗期、抽穗期结合灌水追施氮肥（一次按 10kg／亩）。麦𦬊草种子脱落性较强，当大多数穗子中部种子已变黑褐色即可收种。收种时间最好在清晨，刈割后马上运往晒场晾晒，脱粒，以免造成种子损失。

第七节　圆柱披碱草

圆柱披碱草，拉丁学名：*Elymus cylindricus* (Franch.) Honda。

一、种质资源分布

产内蒙古、河北、四川、青海、新疆等省区。多生于山坡或路旁草地。模式标本采自北京。

二、植物学特征

秆细弱，高 40~80cm。叶鞘无毛；叶片扁平，干后内卷，长 5~12cm，宽约 5mm，上面粗糙，下面平滑。穗状花序直立，狭瘦，长 7~14cm，粗约 5mm，除接近先端各节仅具 1 枚小穗外，其余各节具 2 小穗；穗轴边缘具小纤毛；小穗绿色或带有紫色，长 9~11mm（芒除外），通常含 2~3 小花，仅 1~2 个小花发育；颖披针形至线状披针形，长 7~8mm，具 3~5 脉，脉明显而粗糙，先端渐尖或具长达 4mm 的短芒；外稃披针形，全部被微小短毛，第一外稃长 7~8mm，具 5脉，顶端芒粗糙，直立或稍展开，长 6~13mm；内稃与外稃等长，先端钝圆，脊上有纤毛，脊间被微小短毛（图 13-8）。

图 13-8　圆柱披碱草（PPBC 中国植物图像库）

三、生物学及生态学特性

圆柱披碱草在播种当年生长缓慢，仅部分枝条可进入开花期，但不结实，于翌年开始结实。在内蒙古地区，一般在 4 月中旬至 5 月上旬返青，6 月下旬至 7月上旬进入开花期，持续约 18d，8 月中旬至 9 月上旬种子成熟。在自花授粉条件下，结实率较高，约为 68.7%，而在套袋隔离授粉时结实率约 35.2%。圆柱披碱草种子萌发时的吸水率为 96%，是我国该属牧草中吸水最多的一种。萌发时最低温度为 3℃，最高温度为 30℃，最适温度为 20~28℃。圆柱披碱草种子的后熟期长达 227d，仅低于紫芒披碱草（237d）。在种子萌发期和幼苗生长期，对酸碱度有一定耐力。

圆柱披碱草为旱中生—草甸型，多生于山坡草原化草甸、河谷草甸，田野也有分布。目前国内有些地区引种栽培。圆柱披碱草喜轻度的酸性土壤，喜湿、喜肥沃，但也能忍耐一定的盐碱、干旱和风沙，越冬率也较高，在年降水量 250~

300mm 的高寒地区也能生长良好。

四、利用价值

圆柱披碱草属于良等饲用禾草。在开花期前质地较柔嫩，适口性良好。从返青至开花前，马、牛、羊均喜食，开花后，质地迅速变粗老，家畜主要采食其叶和茎秆上部较柔嫩部分。圆柱披碱草适宜放牧或调制干草，利用年限为 2~4 年。

五、栽培管理技术要点

圆柱披碱草对播种前的要求不严，在旱作条件下，以雨季播种为宜。播种前应对种子进行晾晒、加温、变温和去芒处理。在播种前一年最好深耕土地，施入适量的底肥并配合播前耙地措施；在有灌溉条件的地区，可在播前灌溉 1 次。播种量为每公顷 15~30kg，行距 15~30cm，播深 3~4cm，播后镇压。

圆柱披碱草一般为一次性刈割牧草，再生性弱，调制干草的适宜刈割时期为抽穗期至始花期。由于种子不易脱落，应尽可能在种子完熟期采收。在整个生长发育期，应加强消灭杂草措施。

第八节　紫芒披碱草

紫芒披碱草，拉丁学名 *Elymus purpuraristatus* C. P. Wang et H. L. Yang。

一、种质资源分布

紫芒披碱草产于内蒙古。生长在山沟和山坡草地上。模式标本采自内蒙古（大青山）。

二、植物学特征

多年生，丛生，秆直立，粗壮，高可达 160cm，叶鞘无毛，叶舌钝圆，叶片长 15~25cm；穗状花序直立或微弯曲，粉紫色，长 8~15cm，小穗 2 枚着生于每一穗轴节上，排列紧密；小穗带紫色，长 10~12mm，具 2~3 花；颖片披针形至线状披针形，两颖等长，长 7~10mm，具约 1mm 的芒尖；外稃长圆状披针形，具紫红小点，长 6~9mm，具芒，芒长 7~15mm，内外稃等长或内稃稍短（郭本兆，1987）。本种与披碱草相似，但植株全体被有白粉；小穗粉绿而带有紫色；颖及外稃的先端、边缘及基部密被紫红色小点；芒较短，被毛呈紫色可以区别（图 13-9）。

图 13-9　紫芒披碱草（网络）

三、生物学及生态学特性

紫芒披碱草为二级濒危保护物种，具有产草量高、抗旱、耐盐碱、抗倒伏、抗病虫等优良特性。

四、栽培管理技术要点

同披碱草。

第九节　无芒披碱草

无芒披碱草，拉丁学名：*Elymus submuticus*（Keng）Keng f.。

一、种质资源分布

特产于我国四川川西北高原石渠、色达、德格、若尔盖、金川等县。

二、植物学特征

根须状，秆丛生，直立或基部稍膝曲，较细弱，高 25~45cm，具 2 节，顶生之节约位于植株下部 1/4 处，裸露部分光滑；叶鞘短于节间，光滑；叶舌极短而近于无；分蘖的叶片内卷，茎生叶片扁平或内卷，下面光滑，上面粗糙，长 3~6cm，宽 1.5~3mm。穗状花序较稀疏，通常弯曲，带有紫色，长 3.5~7.5cm，基部的 1~3 节通常不具发育的小穗；穗轴边缘粗糙，下部节间长 5~9（15）mm，上部者长 3~4mm，每节通常具 2 枚而接近顶端各节仅具 1 枚小穗，顶生小穗发育或否；小穗近于无柄或具长约 1mm 的短柄，长（7）9~13mm，含（1）2~3（4）小花；小穗轴节间长 1~2mm，密生微毛；颖长圆形，几相等长，长 2~3mm，具 3 脉，侧脉不甚明显，主脉粗糙，先端锐尖或渐尖，但不具小尖头；外稃披针形，具 5 脉，脉至中部以下不甚明显，中脉延伸成 1 短芒，其长不逾 2mm，在脉的前端和背部两侧以及基盘均具少许微小短毛，第一外稃长 7~8mm；内稃与外稃等长，脊上具小纤毛，先端钝圆；花药长约 1.7mm，子房先端具茸毛。

三、生物学及生态学特性

无芒披碱草为旱中生植物。耐寒、耐牧、耐瘠薄，生于海拔 3 000~3 500m 的亚高山草甸、亚高山灌丛草地。适宜在山地寒温带和高山亚寒带地区生长发育。具有良好的抗寒和抗旱性，在川西北高原冬季最低温度 -36℃ 左右均能安全越冬。

无芒披碱草根系较发达，叶片内卷，可以减少水分蒸发，因此在干旱情况下仍能正常生长发育，年降水量在 600mm 左右生长良好。无芒披碱草花期 8 月。

四、利用价值

无芒披碱草抽穗前期茎秆鲜嫩柔软，适口性强，营养价值较好，牛、马、羊均喜采食；抽穗到颖果成熟期，茎秆迅速老化，纤维素增多，营养价值降低，适口性较差。据四川省草原研究所分析，其主要成分较老芒麦、垂穗披碱草、麦薲草等优良牧草含量稍低，但比一般禾草高。

五、栽培管理技术要点

同短芒披碱草。

第十节　黑紫披碱草

黑紫披碱草，拉丁文名：*Elymus atratus*（Nevski）Hand. -Mazz.。

一、种质资源分布

产自四川、青海、甘肃、新疆、西藏等省区。模式标本采自甘肃。黑紫披碱草多生于草原。

二、植物学特征

多年生，密丛生，具多数须根；秆直立，较细弱，高 40~60cm，基部呈膝曲状，具 2~3 节；叶鞘平滑无毛，叶舌短而不明显，叶片长内卷，长 3~6cm；穗状花序曲折而下垂，长 5~11cm，小穗 2 枚着生于每一穗轴节上，小穗多偏于一侧，排列紧密，小穗成熟后呈黑紫色，长 8~10mm，具 2~3 枚小花，常仅 1~2 花发育；颖片狭长圆形或披针形，先端渐尖，长 2~4mm；具 1~3 脉，主脉粗糙，侧脉不显著；外稃披针形，全部密生微小短毛，具 5 脉，脉在基部不甚明显。第一外稃长 7~8mm，顶端延伸成芒，芒粗糙，反曲或展开，长 10~17mm；内稃与外稃等长，先端钝圆，脊上具纤毛，其毛接近基部渐不显（郭本兆，1987）。

三、生物学及生态学特性

黑紫披碱草为二级濒危保护物种，具有产草量高、抗旱、耐盐碱、抗倒伏、抗病虫等优良特性。

第十一节　毛披碱草

毛披碱草，拉丁学名：*Elymus villifer* C. P. Wang et H. L. Yang。

一、种质资源分布

产于内蒙古，生于山沟、低湿草地。模式标本采自内蒙古（大青山）。

二、植物学特征

秆疏丛，直立，高 60~75cm。叶鞘密被长柔毛；叶扁平或边缘内卷，两面及边缘被长柔毛，长 9~15cm，宽 3~6mm。穗状花序微弯曲，长 9~12cm；穗轴节处膨大，密生长硬毛，棱边具窄翼，亦被长硬毛；小穗于每节生有 2 枚或上部及下部仅具 1 枚，长 6~10mm，含 2~3 小花；颖窄披针形，长 4.5~7.5mm，具 3~4 脉，脉上疏被短硬毛，有狭膜质边缘，先端渐尖成长 1.5~2.5mm 的芒尖；外稃长圆状披针形，具 5 条在上部明显的脉，背部粗糙，上部疏被短硬毛，第一外稃长 7~11mm；内稃与外稃等长，脊上被短纤毛，脊间疏被短毛。

本种近似于披碱草（*Elymus dahuricus*），但叶鞘密被长柔毛，穗轴节处膨大密被长硬毛，棱边具窄翼亦被长硬毛，以及颖有狭膜质边缘而可区别。

三、生物学及生态学特性

列入中国《国家二级保护植物名录》；列入《世界自然保护联盟濒危物种红色名录》（IUCN）——濒危（EN）。

四、利用价值及栽培管理技术要点

同披碱草。

第十二节　加拿大披碱草

加拿大披碱草，拉丁文学名：*Elymus canadensis* Linn.。

一、种质资源分布

原产北美，集中分布于美国落基山脉以东北美地区，我国北京等地有引种栽培。模式标本采自加拿大。

二、植物学特征

秆少数丛生，直立或基部稍膝曲，高约 1m。具短根茎。叶鞘无毛，叶片扁平，两面以及边缘粗糙或下面较平滑，长 20~30cm，宽 7~15mm。穗状花序较紧密而下垂，长 12~20cm（芒在内），通常每节具 2~3 小穗；小穗长 10~18mm（芒除外），含（2）3~5 小花；颖线形，通常长约 1cm，具 3~4 明显的脉，脉上粗糙或具小刺毛，先端具芒，芒长 7~18mm；外稃披针形，上部具明显的 5 脉，全部密生糙毛或仅疏生小刺毛而粗糙，第一外稃长 10~17mm（连同基盘），先端具芒，芒通常长 2~3cm，成熟后向外展开或弯曲；内稃稍短或等长于外稃，先端尖或钝圆而微凹，脊上具纤毛，脊间具短毛。

三、生物学及生态学特性

加拿大披碱草植株浅绿色，茎粗糙，植株生长动态呈"慢—快—慢"的缓"S"形曲线。加拿大披碱草有明显晚熟特性，花粉可育率 76.58%~80.9%，开放授粉条件下结实率 44%~84%。结实率变化可能与其生育期太长、开花时正逢雨季、授粉影响有关。其优点是高产、叶量大、抗寒、抗虫、抗病、优质和寿命长。加拿大披碱草是多年生疏丛型自花授粉禾草，染色体组型为 SSHH。它是小麦族内很适于远缘杂交的种之一，该种几乎可以与北美东部披碱草属内的所有种（包括 *Elymus glaucus* 和 *Elymus cinererus* 在内）均能杂交。云锦凤教授 1984 年从北美洲引进，在内蒙古农业大学牧草实验站进行引种栽培试验。

四、利用价值

加拿大披碱草不仅包含了优异的牧草种类，而且拥有抗病、抗虫和抗环境胁迫的重要基因资源，是禾草及麦类作物品种改良和种质创新的宝贵基因库，还是一种适口性好、营养价值优良、产量高的优质牧草。

五、栽培管理技术要点

同披碱草。

第十三节　青紫披碱草

青紫披碱草，拉丁学名：*Elymus dahuricus* Turcz var. *violeus* C. P. Wang et H. L. Yang。

一、种质资源分布

分布于内蒙古、青海（循化）等省区。

二、植物学特征

秆直立，高 145~225cm。基部叶鞘密被白色长柔毛；叶舌截平，长约 1mm；叶片扁平或干后内卷，长 20~25cm，宽 8.7~13.6mm，上面粗糙，下面光滑。穗状花序直立，长达 18.5~5cm，宽 6~10mm；小穗带紫色，长 12~15mm，每小穗 3~5 小花；颖披针形，具 3~5 脉，脉粗糙并被短硬毛，长 7~11mm，先端芒长 3~6mm；外稃披针形，上部脉明显，全部密生短小糙毛，顶端芒粗糙，成熟后向外反曲，长 9~21mm；内稃与外稃等长。颖果（种子）长椭圆形，深褐色，千粒重 3~4g。

三、生物学及生态学特性

青紫披碱草是一种喜温—中生禾草。一般 4 月中旬返青，返青时所需气温 8~10℃。5 月初拔节，6 月底孕穗，7 月初抽穗，7 月中旬开花，8 月下旬种子成熟，从返青至种子成熟平均为 132d，比披碱草属其他牧草表现为晚熟。

青紫披碱草地上部分发育良好，它植株高大，茎秆粗壮，叶片宽大，花序较长。结实性能良好。根系发育良好，以土层 0~20cm 占绝对优势。青紫披碱草再生性中等，一般地区仅刈割 1 次，雨水较好的地区再生草高达 30cm，可供放牧利用。

青紫披碱草的适应性较强。首先有较强的抗寒性，可以在我国北方各地区安全越冬，即便是 8 月播种，当年苗高仅 10cm 也能安全越冬。抗旱性中等，该草属于中生禾草，适于年降水量 400mm 的地区栽培。青紫披碱草喜欢肥沃、团粒结构良好的土壤，整个生育期中需要大量的氮、磷、钾肥。黑钙土、暗栗钙土、壤土是青紫披碱草生长最适宜的土壤，不宜在沙土、黏土上生长。该草能耐一定的碱性土，适宜的土壤 pH 值为 7.0~8.5。

四、利用价值

青紫披碱草植株高大，茎叶粗糙，适于大家畜。抽穗、开花之后，叶量减少，适口性大大下降。青紫披碱草为上繁高大禾草，适宜刈割调制干草，再生草可放牧利用。采种后的秸秆可青贮。据在呼和浩特地区试种，生活第 2~4 年鲜草与干草、种子产量高于披碱草、老芒麦、麦薲草及垂穗披碱草。

五、栽培管理技术要点

整地要精细，土壤要细碎。青紫披碱草对水分有一定的要求，因此，应选择低洼和肥沃的地块种植。一般北方多春播。如春风大，旱情严重最好夏播。播量每亩 2kg 左右，行距 30~45cm，覆土深度为 3~4cm，注意及时镇压。如果与紫花苜蓿、山野豌豆、黄花苜蓿混播，其产草量及品质都有所改善，其播种量可减半。

青紫披碱草苗期生长缓慢，播种当年应及时消灭杂草。在有灌溉条件的地区，每年灌水 2~3 次，尤其在孕穗—抽穗期应保证水分的供应。追肥对青紫披碱草亦有良好的反应，在孕穗期至抽穗期追肥增产作用最佳，一般每亩追尿素 10~20kg。青紫披碱草在抽穗、开花之后迅速变老。因此最适宜的刈割期为孕穗期，刈割太迟严重地影响质量，在利用时应特别注意。

第十四节　青海披碱草

青海披碱草，拉丁学名：*Elymus geminata* （Keng et S. L. Chen） L. Liou。

一、种质资源分布

主要分布于我国东北、山西、内蒙古、甘肃、新疆和青海等省区。20 世纪 50 年代在我国最早由坝上察北牧场采集野生草种栽培驯化，而后在中国农业科学院草原研究所锡林郭勒盟种畜场首先引进栽培。进入 70 年代，先后在我国东北、华北、西北各省区引进推广。目前在河北坝上已建立大面积青海披碱草人工草地。

二、植物学特征

株高 70~140cm，疏丛型须状根。叶鞘多长于节间。穗状花序长 14~20cm，每节通常生 2 小穗，每小穗含 3~5 枚小花。颖稍短于或等长于第一花。外稃背部及基盘遍生小糙毛，顶具 1~2cm 的芒，成熟后向外展开。

三、生物学及生态学特性

青海披碱草具有抗旱、耐寒、抗风沙、耐盐碱、耐贫瘠、适应性广等特点，是水土保持和草地改良的良好植物。其根系发达，分蘖力强，当年分蘖 4~44 个，在土壤 pH 值为 8.9 时，仍能正常生长。

青海披碱草能适应较为广泛的土壤类型。喜生于沙质壤土山坡草地、草原、低温草甸及田野路旁荒地上，在稍湿润的环境下更为繁茂，能发育成群落。拔节前生长缓慢，从拔节至开花生长迅速。该草属短期多年生牧草。

四、利用价值

青海披碱草为短寿多年生禾草。在利用上与老芒麦相似。比老芒麦质地粗老，为中等品质的牧草。青嫩时各类家畜均喜食，在抽穗中期所刈割的干草，各类家畜均乐食，开花后迅速变老，家畜不喜食。

五、栽培管理技术要点

青海披碱草适应性较强，对播种期要求不严。在河北坝上春夏播种，也可冬播或早春顶凌播种。条播、撒播均可，播量 2kg 左右，覆土 2~3cm，播后镇压。青海披碱草幼苗期生长缓慢，应中耕除草，消灭田间杂草。青海披碱草调制干草时，适宜刈割期以抽穗至始花期。种子落粒性强，应在种子蜡熟期收种。

第十五节　昆仑披碱草

昆仑披碱草，又名垂穗鹅观草（*Roegneria nutans*），拉丁学名：*Elymus bur-chan-buddae* Tzvelev。

一、种质资源分布

该草在我国西部和西北部是一种很常见的禾草，主要分布地有四川、新疆、青海、西藏、甘肃和云南，生长在草原、山坡、路边、林缘、农田边及河岸，通常分布在海拔为3 000~5 500m的地区。

二、植物学特征

为多年生低矮草本，根基部位分蘖密集，并形成根头，基部的叶鞘为灰紫色，茎秆纤细，但坚硬，高度一般为25~60cm。叶鞘疏松，光滑；叶片呈现显著内卷或者仅边缘处内卷，表面粗糙或着生茸毛，叶缘粗糙，颜色为浅绿色到绿色，有时为灰绿色，旗叶长2~10cm，宽1~4mm；叶舌长0.2~0.3mm；叶耳浅绿色、褐色到紫色，长0.5~1mm；为穗状花序，稀疏，下垂，长3.5~11cm，宽0.4~1.5cm，灰绿色、浅绿色和紫色；穗轴节背部和两侧边缘粗糙；小穗近乎无柄，单生于每穗轴节；外稃为狭披针形或狭椭圆形，背部粗糙到具毛，5脉，先端延伸形成一粗壮的芒，小花成熟时，芒强烈弯曲；内稃狭披针形或狭椭圆形到披针形或椭圆形，较外稃短或与外稃近等长，背面光滑到粗糙，两脊具纤毛，先端圆形或截平；小穗轴节具有微毛或密毛。

三、生物学及生态学特性

昆仑披碱草在青海一般于4月下旬至5月初开始返青，当为旱年时，则需到5月上中旬才返青；于7月中旬开花，其花期较长，可以一直延续到8月，在9月上中旬牧草种子成熟。该草具有分蘖力强、再生性好的特点。

昆仑披碱草适应性强，在海拔为1 500~3 800m的滩地、谷沟和阳坡都能生长，同时在阴坡也能生长发育良好。海拔为2 700~3 700m的山麓、滩地、沟谷、河漫滩及阴坡灌丛林下也均是该草适宜生长区域。在青藏高原地区，多生长于海拔3 000~5 500m的向阳缓坡、沟谷、稍潮湿的滩地。

四、利用价值

全株无味、无刺毛、刚毛，质地柔软。该草茎叶茂盛，含有丰富的无氮浸出物，但所含的粗蛋白质偏低，粗纤维的含量却偏高，营养价值中等或中等偏下。适口性好，家畜喜食，是天然草场放牧利用的优良牧草。

五、栽培管理技术要点

同披碱草。

第十六节　长柔毛披碱草

长柔毛披碱草，拉丁学名：*Elymus villosus* Muhl. ex Willd。

一、种质资源分布

多年生草本植物，生长于河岸、岩坡含钙质或盐分的树林与灌丛中，也见于冲积土或沙地。主要分布在加拿大的安大略省与魁北克省南部和美国的大部分地区，包括由东到西的佛蒙特（Vermont）州至怀俄明（Wyoming）州，南至德克萨斯（Texas）州与南卡罗来纳（South Carolina）州。长柔毛披碱草的发现可追溯到 1809 年，法国阿尔萨斯植物学家 Hernrich Gustav Mueclenbeck 在 Willdenow 主编的《植物名录（Enumeratio Plantarum）》上发表了名为 *Elymus villosus* Muechlen. 新种（唐超，2017）。

二、植物学特征

长柔毛披碱草为丛生，不具根状茎。秆细，高 37~130cm，平滑无毛。叶鞘通常被长柔毛或柔毛，稀无毛，其顶端扩展成一宽的硬纸质的平展凸缘；叶耳长 1~3mm，常为红褐色；叶舌很短，长 1mm 以下；叶片薄，平展，长 12~23cm，宽 4~12mm，上表面被短柔毛至长柔毛，并混以白色细毛，稀仅在脉上被柔毛，下表面粗糙或无毛。穗状花序下垂或弓形弯曲，长 5~15cm，宽 15~35mm（芒在内），小穗 2 枚着生于每一穗轴节上，稀有些节具 1 枚或 3 枚，排列紧密；穗轴节间长 1.5~3（4）mm，棱脊上被长硬毛或糙毛状纤毛，特别是小穗下稀无毛；小穗无柄或近于无柄；颖窄，刚毛状，长 7~10mm，被糙硬毛或长硬毛，中部较宽，宽 0.4~1mm，基部圆柱状，增厚硬化，向外弓曲，颖中上部具一明显突起的主脉与 1~2 个侧脉，颖先端渐窄而形成芒，包括芒在内长 12~30mm；外稃长 5.5~9mm，背部白色糙伏毛至长柔毛，或被糙硬毛，毛向先端和边缘渐长，先端渐尖形成直芒，芒长 9~33mm；内稃与外稃等长或稍长，长 5~6.7（7.5）mm，先端钝，有时内凹，两棱脊上部粗糙至具短的硬毛状纤毛，有时具长纤毛；花药长 2~3mm（颜济，杨俊良，2013）。

目前，关于长柔毛披碱草研究报道较为缺乏。Nielsen 和 Humphrey（1937）对其倍性水平进行报道表明，长柔毛披碱草为四倍体物种（$2n = 4x = 28$）。唐超（2017）利用细胞学和分子系统学对长柔毛披碱草的系统与起源进行了系统调查，探讨了该物种的基因组组成、起源及与近缘物种间亲缘关系，研究表明，*E. villosus* 的基因组组成为 StH，*E. villosus* 是一个有效的披碱草属物种；*E. villosus* 的母本供体更可能由美洲的拟鹅观草属物种提供；St 基因组的二倍体供体可能来源于美洲的拟鹅观草属物种；*E. villosus* 与北美 StH 基因组物种关系密切。

主要参考文献

敖特根白音，云锦凤，徐敏云，等，2009. 杂种披碱草与亲本产量和品质特性的比较研究 [J]. 草原与草坪，136（5）：38-40.

白音仓，王晓力，启忠，等，2011. 紫花苜蓿混播草地干草产量动态研究 [C] //第四届（2011）中国苜蓿发展大会论文集. 北京：中国畜牧业协会.

包乌云，古琛，薛文杰，等，2017. 不同刈割频次下老芒麦和草地雀麦的生产力形成机制 [J]. 草地学报，25（2）：395-400.

卞志高，1995. 若尔盖高原垂穗披碱草种群分化和性状遗传规律研究Ⅰ综合报告 [J]. 四川草原（2）：1-10.

蔡联炳，冯海生，1997. 披碱草属 3 个种的核型研究 [J]. 西北植物学报，17（2）：238-241.

陈焘，南志标，2015. 不同储存年限老芒麦种子种带真菌检测及致病性测定 [J]. 草业学报，24（2）：96-103.

陈桂琛，王顺忠，孟延山，等，2004. 青藏铁路格唐段生态系统特征及其保护对策 [C] //中国西部环境问题与可持续发展国际学术研讨会论文集. 北京：中国环境科学出版社.

陈玖红，王沛，王平，等，2019. 6 份披碱草属牧草种质材料抗寒性的比较 [J]. 草业科学，36（6）：1591-1599.

陈丽丽，张昌兵，李达旭，等，2018. 披碱草属天然杂种育性及染色体特征研究 [J]. 草学，239（3）：19-21.

陈仕勇，马啸，张新全，等，2008. 10 个四倍体披碱草属物种的核型 [J]. 植物分类学报，46（6）：886-890.

陈仕勇，马啸，张新全，等，2016. 青藏高原垂穗披碱草种质麦角病抗性的初步研究 [J]. 西南农业学报，29（2）：302-306.

陈仕勇，周凯，李世丹，等，2018. 不同贮藏时间对垂穗披碱草种子活力的影响 [J]. 种子，37（5）：31-34.

陈有军，周青平，孙建，等，2016. 六份乡土牧草苗期干旱胁迫的对比研究 [J]. 西南民族大学学报（自然科学版），42（6）：598-603.

陈云，闫伟红，吴昊，等，2014. 干旱胁迫下老芒麦遗传多样性分析 [J].
　草原与草坪，34（2）：11-17，22.

陈智华，苗佳敏，钟金城，等，2009. 野生垂穗披碱草种质遗传多样性的
　SRAP 研究 [J]. 草业学报，18（5）：192-200.

程晓莉，安树青，李远，等，2003. 鄂尔多斯草地退化过程中个体分布格局
　与土壤元素异质性 [J]. 植物生态学报，27（4）：503-509.

褚希彤，2015. 接种丛枝菌根真菌对西藏垂穗披碱草抗冷性影响的研究
　[D]. 杨凌：西北农林科技大学.

崔大方，1990. 新疆披碱草属的新分类群 [J]. 植物研究，10（3）：25-38.

德英，刘新亮，赵来喜，2013. 垂穗披碱草表型多样性研究 [J]. 中国草地
　学报，35（5）：62-68.

德英，赵来喜，穆怀彬，2010. PEG6000 渗透胁迫下应用电导法对披碱草属
　种质幼苗抗旱性初步研究 [J]. 中国农学通报，26（24）：173-178.

邓自发，武建双，谢晓玲，等，2010. 不同处理对藏北地区退化人工草地垂
　穗披碱草种群克隆表型的影响 [J]. 西北植物学报，30（6）：1225-1230.

董全民，赵新全，马有泉，等，2008. 垂穗披碱草/星星草混播草地优化牦
　牛放牧强度的研究 [J]. 草业学报，17（5）：16-22.

董全民，赵新全，马玉寿，2007. 放牧率对高寒混播草地主要植物种群生态
　位的影响 [J]. 中国生态农业学报，15（5）：1-6.

杜利霞，董宽虎，朱慧森，等，2012. 不同改良措施对盐碱化草地披碱草光
　合等生理特性的影响 [J]. 草地学报，20（6）：1081-1085.

冯甘霖，文雅，段媛媛，等，2019. 灌溉量和密度对垂穗披碱草生长性能和
　物质分配的影响 [J]. 草业科学，36（8）：2087-2095.

付江涛，李晓康，2020. 垂穗披碱草根系力学特性统计分析 [J]. 山地学
　报，38（6）：894-903.

付娟娟，2017. 西藏野生垂穗披碱草低温适应机理研究 [D]. 杨凌：西北农
　林科技大学.

付艺峰，2015. 老化老芒麦种质遗传完整性研究 [D]. 呼和浩特：内蒙古农
　业大学.

高晨轩，2018. 垂穗披碱草种带真菌的研究 [D]. 兰州：兰州大学.

高建伟，孙其信，孙振山，2002. 小麦与无融合生殖披碱草（*Elymus
　rectisetus*）属间杂种 F$_1$ 的形态学和细胞遗传学研究 [J]. 作物学报，
　26（3）：271-278.

高丽琴，2017. 试论优质牧草披碱草属在植被建设中的应用 [J]. 内蒙古林

业调查设计，40（2）：93-94.

高小刚，2019. 三江源区不同建植年限下草地群落结构和 CO_2 交换特征的变化 [D]. 兰州：兰州大学.

高英志，景馨，王新宇，2017. 放牧和刈割对草原地下净生产力和根系周转的影响 [J]. 西南民族大学学报（自然科学版），43（2）：111-117.

顾晓燕，郭志慧，张新全，等，2015. 短芒披碱草异位保护群体的表型多样性研究 [J]. 草业学报，24（5）：141-152.

郭本兆，1987. 中国植物志 [M]. 北京：科学出版社.

郭树栋，徐有学，赵殿智，等，2003. 垂穗披碱草种子田最佳播种量和行距的试验初报 [J]. 青海草业，12（4）：6-8.

郭小龙，赵珮珮，杨建军，2020. 模拟干旱胁迫下 3 种牧草种子萌发期抗旱性评价 [J]. 种子，39（6）：19-23，30.

郭延平，郭本兆，1991. 小麦族植物的属间亲缘和系统发育的探讨 [J]. 西北植物学报，11（2）：159-169.

郭艳娥，张峰，李芳，等，2018. 放牧及 AM 真菌对垂穗披碱草生长和白粉病抗性的影响 [J]. 草原与草坪，38（2）：41-48，55.

何财松，2013. 青藏铁路格拉段运营初期植被恢复效果评价研究 [D]. 北京：中国铁道科学研究院.

何丽娟，刘文辉，祁娟，等，2019. IAA 对老芒麦幼苗生理及生长的影响 [J]. 草原与草坪，39（2）：32-38.

侯扶江，南志标，肖金玉，等，2002. 重牧退化草地的植被、土壤及其耦合特征 [J]. 应用生态学报，13（8）：915-922.

侯建华，云锦凤，2005. 羊草、灰色赖草及其杂种 F_1 生物学特性 [J]. 草地学报，13（3）：175-179.

侯天爵，1993. 我国北方草地病害调查及主要病害防治 [J]. 中国草地（3）：56-60.

黄德君，2011. 高寒牧区重穗披碱草（*Elymus nutans*）居群生物学特性及其营养价值评价 [D]. 兰州：兰州大学.

贾倩民，陈彦云，杨阳，等，2014. 不同人工草地对干旱区弃耕地土壤理化性质及微生物数量的影响 [J]. 水土保持学报，28（1）：178-182，220.

贾亚雄，李向林，袁庆华，等，2008. 披碱草属野生种质资源苗期耐盐性评价及相关生理机制研究 [J]. 中国农业科学，41（10）：2999-3007.

解新明，马万里，杨莉，等，1998. 燕麦族部分属种的叶表皮特征在分类及系统演化中的应用研究 [J]. 内蒙古师大学报（自然科学汉文版），27

（1）：64-67.

雷雄，白史且，游明鸿，等，2016. 3种植物生长调节剂对阿坝垂穗披碱草种子萌发的影响［J］. 种子，35（4）：5-12.

李斌奇，张卫红，苗彦军，2019. 西藏野生垂穗披碱草种子萌发及幼苗生理对铜、锌和锰离子胁迫的响应［J］. 黑龙江畜牧兽医（5）：110-117.

李才旺，柏正强，曹毅，等，1999. 提高多年生人工草地建植当年产草量的研究［J］. 四川草原（1）：6-8.

李春杰，南志标，2000. 苜蓿种带真菌及其致病性测定［J］. 草业学报，9（1）：27-36.

李海云，2016. 铜川镇道路绿化树种的生态性评价及优化选择［D］. 呼和浩特：内蒙古农业大学.

李慧芳，王瑜，袁庆华，等，2014. 铅胁迫对禾本科牧草的生长及体内酶活性的影响［J］. 种子，33（8）：1-7.

李建廷，1998. 甘肃草地病、毒草危害调查报告［J］. 甘肃农业（12）：22-23.

李景环，云锦凤，王树彦，等，2007. 酯酶同工酶标记鉴定加拿大披碱草和老芒麦的杂种后代纯度研究［J］. 种子（11）：75-76.

李静，苟天雄，帅伟，等，2019. 贡嘎山地区公路路域植被生态恢复研究［J］. 西部林业科学，48（2）：76-83.

李强，李造哲，云锦凤，等，2010. 披碱草与野大麦杂交种 BC_1F_2 代的同工酶分析［J］. 中国草地学报，32（4）：65-68，91.

李琴，2015. 3种禾草不同混播比例建植植被的护坡性能研究［D］. 呼和浩特：内蒙古农业大学.

李淑娟，2007. 披碱草属野生种质资源的农艺性状及遗传多样性研究［D］. 西宁：青海大学.

李淑娟，周青平，颜红波，等，2007. 4种披碱草属野生牧草在高寒地区农艺性状及生产性能的评价［J］. 草原与草坪，121（2）：34-36.

李帅国，张凤杰，刘璐，等，2018. 石油污染对披碱草种子萌发和幼苗生长的影响［J］. 天津农业科学，24（8）：82-84.

李亭亭，高彬，黄红云，等，2009. NaCl 和 Na_2CO_3 胁迫对肥披碱草种子萌发影响的比较研究［J］. 现代农业科技（21）：276-278.

李希铭，2016. 草本植物对镉的耐性和富集特征研究［D］. 北京：北京林业大学.

李小雷，鲍红春，于卓，等，2014. 老芒麦与紫芒披碱草正、反交 F_1 植株

同工酶分析 [J]. 内蒙古农业科技 (4)：4-5.

李永干，闫贵兴，1985. 五种国产披碱草属牧草的核型分析 [J]. 中国草原 (3)：56-60.

李永祥，李斯深，李立会，等，2005. 披碱草属 12 个物种遗传多样性的 ISSR 和 SSR 比较分析 [J]. 中国农业科学，38 (8)：1522-1527.

李造哲，马青枝，云锦凤，等，2001. 披碱草和野大麦及其杂种 F_1 与 BC_1 过氧化物酶同工酶分析 [J]. 草业学报，10 (3)：38-41.

李造哲，于卓，云锦凤，等，2003. 披碱草和野大麦杂种 F_1 及 BC_1 代育性研究 [J]. 内蒙古农业大学学报（自然科学版）(4)：13-16.

栗茂腾，蔡得田，黄利民，2001. 2n 雄配子的无融合生殖披碱草（*Elymus rectisetus*）减数分裂行为研究 [J]. 遗传学报，28 (10)：939-946.

梁坤伦，贾存智，孙金豪，等，2019. 高寒地区垂穗披碱草种质对低温胁迫的生理响应及其耐寒性评价 [J]，草业学报，28 (3)：111-121.

刘桂霞，王静，王谦谦，等，2012. 艾蒿水浸提液对冰草和披碱草种子萌发及幼苗生长的化感作用 [J]. 河北大学学报（自然科学版），32 (1)：81-86.

刘国彬，朱成发，2003. 高寒地区施肥对垂穗披碱草种子产量的影响 [J]. 青海草业 (3)：7-8.

刘海学，李景欣，1996. 加拿大披碱草的核型分析 [J]. 哲里木畜牧学院学报，6 (2)：29-30.

刘锦川，2011. 加拿大披碱草与老芒麦亲缘关系及抗性生理研究 [D]. 呼和浩特：内蒙古农业大学.

刘锦川，云锦凤，张磊，2010. 氯化钠胁迫下 3 种披碱草属牧草生理特性的研究 [J]. 草地学报，18 (5)：694-697.

刘美玲，宝音陶格涛，2004. 老芒麦与草原 2 号苜蓿混播试验 [J]. 中国草地 (1)：23-28.

刘蓉，张卫国，江小雷，等，2010. 垂穗披碱草群落退化演替的植被特性及其与土壤性状的相关性研究 [J]. 草业科学，27 (10)：96-103.

刘世贵，曹毅，张兆清，等，1994. 垂穗披碱草高寒草地群落特性及动态规律 [J]. 草业学报，3 (2)：76-80.

刘婷娜，2014. 不同海拔垂穗披碱草生物学特性及种子产量研究 [D]. 兰州：兰州大学.

刘晓燕，2017. 川西北高原披碱草属天然杂种的染色体组组成研究 [D]. 雅安：四川农业大学.

刘新蕾, 2015. 重金属污染疏浚底泥的植物——微生物联合修复 [D]. 天津: 天津科技大学.

刘亚斌, 胡夏嵩, 余冬梅, 等, 2020. 西宁盆地黄土区草本和灌木组合根系分布特征及其增强土体抗剪强度效应 [J]. 工程地质学报, 28 (3): 471-481.

刘亚玲, 赵彦, 张家赫, 等, 2016. 加拿大披碱草新品系耐盐性生理研究 [J]. 北方农业学报, 44 (6): 42-47.

刘永俊, 石国玺, 毛琳, 等, 2011. 施肥对垂穗披碱草根系中丛枝菌根真菌的影响 [J]. 应用生态学报, 22 (12): 3131-3137.

刘勇, 2016. 放牧对陇东与甘南草原植物病害的影响 [D]. 兰州: 兰州大学.

刘玉红, 1985. 我国 11 种披碱草的核型研究 [J]. 武汉植物学研究, 3 (4):323-330.

刘玉萍, 拉本, 苏旭, 等, 2014. 披碱草属植物的分类现状及主要存在的问题 [J]. 青海师范大学学报 (自然科学版), 30 (1): 31-37.

刘育萍, 1994. 晚熟老芒麦与披碱草种间天然远缘杂种的细胞遗传学研究 [J]. 内蒙古草业, 1 (2): 60-62.

刘月华, 钟梦莹, 武瑞鑫, 等, 2016. AM 真菌介导垂穗披碱草抗虫作用研究 [J]. 草地学报, 24 (3): 604-609.

卢宝荣, 1994. *E. Nutans* 和 *E. sibiricus*, *E. burchanbuddae* 的形态学鉴定及其染色体组亲缘关系的研究 [J]. 植物分类学报, 32 (6): 504-513.

卢宝荣, 1997. 披碱草×球茎大麦属间杂种的减数分裂研究 [J]. 遗传学报, 24 (3): 263-270.

卢宝荣, 1997. 披碱草属与大麦属系统关系的研究 [J]. 植物分类学报, 35 (3): 193-207.

卢宝荣, BjφrnSalomon, 2004. 种间杂种染色体配对所揭示的披碱草属植物 StY 基因组分化及其进化意义 [J]. 生物多样性, 12 (2): 213-226.

卢宝荣, 颜济, 杨俊良, 1990. 新疆、青海和四川等地区小麦族植物的细胞学观察 [J]. 云南植物研究, 12 (1): 57-66.

卢海静, 余芹芹, 胡夏嵩, 等, 2013. 西宁盆地黄土区草本植物群根效应及其护坡贡献 [J]. 中国水土保持 (12): 55-59, 77.

卢红双, 2007. 披碱草属穗型下垂类种质的分类鉴定及遗传多样性分析 [D]. 北京: 中国农业科学院.

卢素锦, 周青平, 刘文辉, 等, 2013. 披碱草属 6 种牧草苗期抗旱性鉴定

[J]. 湖北农业科学, 52 (8): 1889-1892.

卢艳丽, 2008. 燕麦与不同作物混作抗盐碱生理特性的影响 [D]. 呼和浩特: 内蒙古农业大学.

陆光平, 聂斌, 2002. 垂穗披碱草利用价值评价 [J]. 草业科学, 19 (9): 13-15.

路兴旺, 刘博, 刘瑞娟, 等, 2019. 青海高原披碱草属种间天然杂种的细胞学鉴定 [J]. 植物研究, 39 (6): 846-852.

罗佳佳, 2016. 施肥对垂穗披碱草根系内 AM 真菌群落功能的影响 [D]. 兰州: 兰州大学.

罗金, 张树振, 唐凤, 等, 2020. 不同密度和施氮水平互作对老芒麦种子形态及萌发特性的影响 [J]. 种子, 39 (8): 43-47.

马海英, 彭华, 王跃华, 2006. 禾本科广义拂子茅属的叶表皮形态研究 (英文) [J]. 植物分类学报, 44 (4): 371-392.

马晓林, 赵明德, 王慧春, 等, 2016. 高寒牧草在不同温度和盐胁迫作用下的生理生化响应 [J]. 生态科学, 35 (3): 22-28.

马啸, 陈仕勇, 张新全, 等, 2009. 老芒麦种质的醇溶蛋白遗传多样性研究 [J]. 草业学报, 18 (3): 59-66.

马艳红, 2007. 几种小麦族禾草远缘杂交后代育性恢复研究 [D]. 呼和浩特: 内蒙古农业大学.

马艳红, 于卓, 赵晓杰, 等, 2004. 加拿大披碱草——野大麦三倍体杂种加倍植株同工酶分析 [J]. 草地学报, 12 (2): 98-102.

马玉寿, 2006. 三江源区 "黑土型" 退化草地形成机理与恢复模式研究 [D]. 兰州: 甘肃农业大学.

马玉寿, 尚占环, 施建军, 等, 2006. 黄河源区 "黑土滩" 退化草地群落类型多样性及其群落结构研究 [J]. 草业科学, 23 (12): 6-11.

马宗仁, 郭博, 1991. 短芒披碱草和老芒麦在水分胁迫下游离脯氨酸积累的研究——Ⅰ牧草抗旱性与脯氨酸积累能力关系的标准 [J]. 中国草地 (4): 12-16.

买买提·阿布来提, 萨拉姆, 肉孜·阿基, 2008. 老芒麦牧草生长的气候条件分析 [J]. 新疆农业科学, 45 (S1): 222-224.

毛培胜, 韩建国, 2003. 贮藏处理对老芒麦种子活力的影响 [J]. 草业科学, 20 (4): 16-19.

毛培胜, 韩建国, 吴喜才, 2003. 收获时间对老芒麦种子产量的影响 [J]. 草地学报, 11 (1): 33-37.

毛骁，孙保平，张建锋，等，2019. 微生物菌肥对干旱矿区土壤的改良效果 [J]. 水土保持学报，33（2）：201-206.

潘正武，卓玉璞，2007. 高寒牧区多年生人工草地混播组合试验 [J]. 草业科学（11）：53-55.

盘朝邦，王元富，1992. 老芒麦、垂穗披碱草产量形成与水热季节变化的关系. 草业科学，9（6）：13-17.

祁娟，2009. 披碱草属（*Elymus* L.）植物野生种质资源生态适应性研究 [D]. 兰州：甘肃农业大学.

祁娟，罗琰，王沛，等，2017. 碱胁迫对超干处理垂穗披碱草种子萌发及幼苗生长的影响 [J]. 中国草地学报，39（1）：79-84.

强晓晶，2019. 披碱草内生真菌对小麦抗旱性的影响机制 [D]. 北京：中国农业科学院.

乔安海，2005. 青藏高原东部地区垂穗披碱草种子生产技术研究 [D]. 北京：中国农业大学.

乔安海，韩建国，2010. 垂穗披碱草种子成熟过程中活力变化及适宜收获期研究 [J]. 安徽农业科学，38（22）：11847-11850.

乔安海，韩建国，巩爱岐，等，2006. 氮肥对垂穗披碱草种子产量和质量的影响 [J]. 草地学报，14（1）：48-51，56.

秦宏建，2019. 干旱胁迫对3种披碱草属牧草光合特性的影响 [J]. 草原与草业，31（2）：48-52.

任倩，2018. 菌根菌配施活性褐煤对矿区复垦土壤及披碱草生长的影响 [D]. 晋中：山西农业大学.

盛宝钦，段霞瑜，周益林，等，1998. 小麦白粉病菌对小麦属不同种小麦的寄生专化性研究 [C] // "植物保护21世纪展望"——植物保护21世纪展望暨第三届全国青年植物保护科技工作者学术研讨会文集. 北京：中国植物保护学会青年工作委员会、中国农业科学院植物保护研究所、植物病虫害生物学国家重点实验室.

师桂花，2006. 施肥对冰草和老芒麦种子质量的影响 [D]. 呼和浩特：内蒙古农业大学.

施建军，马玉寿，董全民，等，2007. "黑土型"退化草地优良牧草筛选试验 [J]. 草地学报，15（6）：543-549，555.

施建军，马玉寿，李青云，等，2004. 青南牧区不同处理下燕麦生产性能的分析 [J]. 四川草原，98（1）：21-24.

施建军，王柳英，马玉寿，等，2006. "黑土型"退化草地人工植被披碱草属三种牧草的适应性评价 [J]. 青海畜牧兽医杂志, 36 (1): 4-6.

史睿智, 夏菲, 王敬龙, 等, 2018. 高寒地区锌肥对垂穗披碱草影响研究 [J]. 西藏农业科技 (3): 17-20.

司晓林, 王文银, 高小刚, 等, 2016. 氮硅添加对高寒草甸垂穗披碱草叶片全氮含量及净光合速率的影响 [J]. 植物生态学报, 40 (12): 1238-1244.

宋辉, 2015. 九种披碱草属植物及其 Epichloë 内生真菌的系统进化 [D]. 兰州: 兰州大学.

宋辉, 李秀璋, 鲍根生, 等, 2015. 基于 act 序列中国西部披碱草属植物所带内生真菌的系统演化 [J]. 微生物学报, 55 (3): 273-281.

宋小园, 朱仲元, 赵宏瑾, 等, 2015. 披碱草气体交换参数对土壤水分条件的响应 [J]. 节水灌溉 (1): 12-16.

苏慧, 尉红梅, 马岩, 等, 2005. Na_2CO_3 胁迫对牧草种子萌发特性影响的研究 [J]. 内蒙古民族大学学报 (自然科学版) (2): 168-171.

孙建萍, 袁庆华, 2006. 利用微卫星分子标记研究我国 16 份披碱草遗传多样性 [J]. 草业科学, 23 (8): 40-44.

孙建萍, 2005. 披碱草属野生种质资源遗传多样性研究 [D]. 北京: 中国农业科学院.

孙小妹, 陈菁菁, 李金霞, 等, 2018. 施肥后青藏高原亚高寒草甸典型物种生态化学计量特征及光合特性的变化 [J]. 兰州大学学报 (自然科学版), 54 (6): 804-810.

孙永芳, 2015. 丛枝菌根真菌对垂穗披碱草吸收有机氮的研究 [D]. 杨凌: 西北农林科技大学.

田福平, 李锦华, 张小甫, 等, 2010. 钾肥对西藏垂穗披碱草种子产量的影响 [J]. 种子, 29 (12): 9-12, 17.

万志强, 2018. 内蒙古典型草原区人工草地生产力和氮素分配对水分响应研究 [D]. 呼和浩特: 内蒙古大学.

汪畅, 2008. 富勒烯的 DNA 损伤机制及毒性效应研究 [D]. 武汉: 华中农业大学.

汪治桂, 2011. 近 30 年甘南草场垂穗披碱草返青期的变化特征 [J]. 甘肃农业 (1): 25-26.

王传旗, 2016. 盐胁迫对西藏 3 种野生披碱草属牧草种子发芽影响 [J]. 草业与畜牧, 229 (6): 17-22.

王传旗, 徐雅梅, 白玛曲珍, 等, 2017. 光、温对西藏三种野生披碱草属牧

草种子萌发的影响 [J]. 黑龙江畜牧兽医 (9)：150-154.

王海清，徐柱，祁娟，2009. 披碱草属 4 种植物叶下表皮微形态特征 [J].
科技导报，27 (4)：80-84.

王海洋，杜国祯，任金吉，2003. 种群密度与施肥对垂穗披碱草刈割后补偿
作用的影响 [J]. 植物生态学报，27 (4)：477-483.

王慧君，辛慧慧，阿那尔，等，2017. 披碱草属 6 种牧草种子萌发期的抗旱
性研究 [J]. 草食家畜 (3)：49-53.

王建光，2012. 农牧交错区苜蓿—禾草混播模式研究 [D]. 呼和浩特：内蒙
古农业大学.

王立群，杨静，石凤翎，1996. 多年生禾本科牧草种子脱落机制及适宜采收
期的研究 [J]. 中国草地 (3)：7-16.

王柳英，马玉寿，施建军，等，2004. "黑土型" 退化草地种植披碱草属牧
草物候特征与分蘖动态的研究 [J]. 青海畜牧兽医杂志，34 (3)：18-19.

王朋朋，王丹，王昊，等，2019. 长期氮、磷添加对青藏高原 2 种高寒草甸
植物光合特性的影响 [J]. 江苏农业科学，47 (13)：325-329.

王启基，张松林，1990. 天然垂穗披碱草种群生长节律及生态适应性的研究
[J]. 中国草地 (1)：18-25.

王茜，董梅，王强，等，2014. 不同丛枝菌根真菌对青藏高原高寒草原优良
牧草垂穗披碱草生长的促生效应 [J]. 云南农业大学学报，29 (6)：
840-846.

王琴，2013. 披碱草属植物核型分析及亲缘关系的研究 [D]. 呼和浩特：内
蒙古师范大学.

王庆莉，韩玉江，任丽霞，等，2020. 四川石渠垂穗披碱草的物候期及其与
气象因子的相关性 [J]. 贵州农业科学，48 (2)：65-69.

王秋霞，2012. 小麦族 H、P、St 和 Y 基因组遗传演化分析 [D]. 北京：中
国农业科学院.

王生文，史静，宫旭胤，等，2014. 播量与刈割次数对老芒麦产量及品质的
影响 [J]. 草原与草坪，34 (6)：62-67.

王世金，李健华，1993. 小麦族植物作为牧草种质资源的初步评价 [J]. 草
业科学，2 (1)：60-69.

王树彦，云锦凤，韩冰，等，2004. 加拿大披碱草、老芒麦及其杂种 F_1 代
的 RAPD 分析 [J]. 西北植物学报，24 (9)：1687-1690.

王文学，李造哲，马紫怡，等，2018. 秋水仙碱处理披碱草×野大麦 F_1 得到
结实植株与后代倍性的形态鉴定 [J]. 内蒙古林业科技，44 (2)：44-49.

王晓龙，米福贵，郭跃武，等，2014. 干旱胁迫对不同禾本科牧草叶绿素荧光特性的影响 [J]. 草原与草业，26（3）：45-51.

王旭，2007. 病原菌——披碱草柄锈菌对其寄主羊草生理生态学特征的影响 [D]. 长春：东北师范大学.

王莹，玉柱，2010. 不同添加剂对披碱草青贮发酵品质的影响 [J]. 中国奶牛（7）：21-24.

王勇，徐春波，韩磊，2012. 不同贮藏年限老芒麦种子活力研究 [J]. 种子，31（8）：14-17.

王照兰，杜建才，云锦凤，1997. 披碱草与野大麦的属间杂交及 F_1 代细胞学分析 [J]. 草地学报，5（4）：281-285.

吴昊，曲志才，闫伟红，等，2013. 老芒麦野生种质资源遗传多样性的 SSR 分析 [J]. 曲阜师范大学学报（自然科学版），39（4）：73-78.

吴浩，2014. 三种披碱草种子的生理生化特性及基因组对老化过程的响应 [D]. 西宁：青海大学.

吴浩，周青平，颜红波，等，2014. 垂穗披碱草种子老化过程中生理生化特性的研究 [J]. 青海大学学报：自然科学版，32（3）：6-10.

吴勤，1992. 老芒麦改良干草原草地的效果分析 [J]. 宁夏农林科技（4）：35-36.

武保国，2003. 老芒麦 [J]. 农村养殖技术（11）：25.

武盼盼，2016. 比较相同地域物种与种群间基因漂移揭示披碱草属物种的基因渗入 [D]. 合肥：安徽农业大学.

肖涛，李萍，侯艺飞，等，2019. 植被护坡研究综述 [C] //2019 年全国工程地质学术年会论文集. 北京：中国地质学会.

谢菲，2014. 披碱草幼穗分化及胚胎学研究 [D]. 呼和浩特：内蒙古农业大学.

谢国平，2009. 西藏野生垂穗披碱草种子人工繁育种子技术研究 [D]. 杨凌：西北农林科技大学.

邢云飞，施建军，马玉寿，等，2018. 三江源区多年生禾草混播群落竞争效应研究 [J]. 青海畜牧兽医杂志，48（5）：21-26.

徐本美，李曜东，魏玉凝，等，2002. 披碱草种子发芽特性及其活力提高的研究 [J]. 种子，124（4）：1-4.

徐春波，王勇，赵来喜，等，2013. 我国牧草种质资源创新研究进展 [J]. 植物遗传资源学报，14（5）：809-815.

徐瑞，南志标，周雁飞，等，2012. 披碱草内生真菌共生体中麦角生物碱的组织分布与季节动态［J］. 草业学报, 21（3）: 84-92.

徐炜, 2010. 披碱草种子超干贮藏生理生化特性研究［D］. 兰州: 甘肃农业大学.

徐雅梅, 褚希彤, 吴叶, 等, 2016. 接种丛枝菌根真菌对低温胁迫下垂穗披碱草影响的研究［J］. 草地学报, 24（5）: 1009-1015.

徐柱, 1997. 中国禾草属志［M］. 呼和浩特: 内蒙古人民出版社.

徐柱, 1999. 世界禾草属志［M］. 北京: 中国农业科技出版社.

徐柱, 2004. 中国牧草手册［M］. 北京: 化学工业出版社.

薛博晗, 2019. 外源柠檬酸对 Cd 胁迫下披碱草（*Elymus dahuricus*）抗氧化系统与代谢途径的调控作用［D］. 北京: 北京林业大学.

鄢家俊, 白史且, 马啸, 等, 2007. 川西北高原野生老芒麦居群穗部形态多样性研究［J］. 草业学报, 16（6）: 99-106.

鄢家俊, 白史且, 张新全, 等, 2009. 川西北高原老芒麦的遗传多样性研究［J］. 湖北农业科学, 48（1）: 31-35.

闫志勇, 2013. 青藏高原披碱草属牧草农艺性状及生产性能评价［D］. 西宁: 青海大学.

严学兵, 2005. 披碱草属植物遗传多样性研究［D］. 北京: 中国农业大学.

严学兵, 郭玉霞, 周禾, 等, 2005, 披碱草属植物分类和遗传多样性的研究现状［J］. 草业科学, 22（7）: 1-7.

严学兵, 郭玉霞, 周禾, 等, 2006. 影响披碱草属植物遗传分化和亲缘关系的地理因素分析［J］. 植物资源与环境学报, 15（4）: 17-24.

严学兵, 郭玉霞, 周禾, 等, 2007. 青藏高原垂穗披碱草遗传变异的地理因素分析［J］. 西北植物学报, 27（2）: 328-333.

严学兵, 汪玺, 郭玉霞, 等, 2003. 高寒牧区垂穗披碱草草地生物量及营养价值动态的研究［J］. 草业科学, 20（11）: 14-18.

严学兵, 王玺, 王成章, 等, 2009. 不同披碱草属植物的形态分化和分类功能的构建［J］. 草地学报, 17（3）: 274-281.

严学兵, 周禾, 王玺, 等, 2005. 披碱草属植物形态多样性及其主成分分析［J］. 草地学报, 13（2）: 111-116.

杨财容, 2017. 六倍体披碱草属物种细胞遗传学与系统进化研究［D］. 雅安: 四川农业大学.

杨凤梅, 程金芝, 殷晓龙, 等, 2006. 紫花苜蓿单播及其与老芒麦混播的产草量对照试验［J］. 畜牧与饲料科学（奶牛版）(5): 49, 54.

杨航, 祁娟, 李玉英, 等, 2020. 外源激素与磷素配施对老芒麦生长特性及

营养品质的影响 [J]. 草地学报, 28 (4): 1015-1023.

杨建, 谢小龙, 胡延萍, 等, 2009. 唐古特大黄药材提取物对小麦和垂穗披碱草种子萌发和幼苗生长的影响 [J]. 植物研究, 29 (3): 320-324.

杨利民, 2003. 中国东北样带草原段关键种——羊草茎、叶显微结构的生态可塑性及群落功能群组成和多样性研究 [D]. 北京: 中国科学院植物研究所.

杨瑞武, 周永红, 郑有良, 2000. 披碱草属、鹅观草属和猬草属模式种的形态学变异和酯酶同工酶分析 [J]. 四川农业大学学报, 18 (4): 291-295.

杨瑞武, 周永红, 郑有良, 2000. 披碱草属的醇溶蛋白研究 [J]. 四川农业大学学报, 18 (1): 11-14.

杨瑞武, 周永红, 郑有良, 2003. 小麦族披碱草属、鹅观草属和猬草属模式种的 C 带研究 [J]. 云南植物研究, 25 (1): 71-77.

杨瑞武, 周永红, 郑有良, 等, 2001. 利用 RAPD 分析披碱草属、鹅观草属和猬草属模式种的亲缘关系 [J]. 西北植物学报, 21 (5): 865-871.

杨瑞武, 周永红, 郑有良, 等, 2001b. 小麦族四个属模式种的醇溶蛋白分析 [J]. 广西植物, 21 (3): 239-242.

杨鑫光, 2019. 高寒矿区煤矸石山植被恢复潜力研究 [D]. 西宁: 青海大学.

杨月娟, 周华坤, 王文颖, 等, 2014. 盐胁迫对垂穗披碱草幼苗生理指标的影响 [J]. 兰州大学学报 (自然科学版), 50 (1): 101-106.

杨允菲, 1990. 松嫩平原碱化草甸星星草种子散布的研究 [J]. 生态学报, 10 (3): 288-290.

尤海洋, 罗新义, 2007. 干旱胁迫对披碱草属植物保护酶活性的影响 [J]. 当代畜牧 (8): 40-42.

游明鸿, 2011. 川西北高原老芒麦种子丰产关键技术研究 [D]. 雅安: 四川农业大学.

游明鸿, 季晓菲, 雷雄, 等, 2018. 光能变价离子钛在高寒牧区牧草生产中的初步应用 [J]. 草业科学, 239 (3): 8-12.

游明鸿, 刘金平, 白史且, 等, 2011. 老芒麦落粒性与种子发育及产量性状关系的研究 [J]. 西南农业学报, 24 (4): 1256-1260.

游明鸿, 刘金平, 白史且, 等, 2012. 行距与栽培年限对老芒麦鲜草及种子产量的影响 [J]. 草业科学, 29 (8): 1278-1284.

于然, 2015. 4 种禾草混播植被在寒冷半干旱带的护坡性能研究 [D]. 呼和浩特: 内蒙古农业大学.

于卓，李造哲，云锦凤，2003. 几种小麦族禾草及其杂交后代农艺特性的研究 [J]. 草业学报，12（3）：83-89.

于卓，云锦凤，1999. 小麦族内几种远缘禾草及其杂交种过氧化物酶同工酶分析 [J]. 中国草地（2）：4-7.

余方玲，杨满业，干友民，等，2011. 川西北高寒草地 3 种禾草种子萌发期抗旱性 [J]. 草业科学，28（6）：993-997.

袁庆华，张吉宇，张文淑，等，2003. 披碱草和老芒麦野生居群生物多样性研究 [J]. 草业学报，12（5）：44-49.

袁永明，陈家瑞，1991. 豆科黄华族植物叶解剖特征及其系统学与生态关系研究 [J]. 植物学报，33（11）：840-847.

云玲格，2016. 披碱草×野大麦杂种 F_1 再生体系的建立及染色体加倍的研究 [D]. 呼和浩特：内蒙古农业大学.

曾霞，2011. 不同海拔垂穗披碱草种子的落粒和发芽特性 [D]. 兰州：兰州大学.

曾霞，王彦荣，胡小文，2011. 垂穗披碱草种子的萌发适宜温度及温度阈值 [J]. 草业科学，28（6）：988-992.

张宝琛，顾立华，甄润德，等，1989. 细叶亚菊入侵与高寒草甸垂穗披碱草人工草场自然退化现象的相关性调查 [J]. 中国草地（6）：24-28.

张成才，2019. 老芒麦栽培与利用 [J]. 中国畜禽种业，15（7）：43.

张东晖，云锦凤，石凤敏，等，2008. 不同贮藏时间披碱草种子劣变及活力测定 [J]. 草业科学，25（4）：116-118.

张峰，2015. 不同放牧强度下垂穗披碱草和老芒麦与 AM 真菌和根部入侵真菌的互作 [D]. 兰州：兰州大学.

张海琴，凡星，付敏，等，2010. 两个鹅观草与披碱草属间杂种的染色体配对分析 [J]. 四川农业大学学报，28（1）：5-9.

张建波，2007. 川西北高原野生垂穗披碱草遗传多样性研究 [D]. 雅安：四川农业大学.

张建波，白史且，张新全，等，2009. 川西北高原不同野生垂穗披碱草种群穗部形态研究 [J]. 四川大学学报（自然科学版），46（5）：1505-1509.

张金峰，2013. 水分胁迫下内生真菌对垂穗披碱草种内竞争的影响 [J]. 兰州：兰州大学.

张俊超，2020. 基于转录组测序挖掘老芒麦落粒候选基因及其功能分析 [D]. 兰州：兰州大学.

张俊超，谢文刚，赵旭红，等，2018. 老芒麦种子离区酶活变化及组织学分析［J］. 草业学报, 27（7）: 84-92.

张苗苗, 2011. 两种披碱草属牧草种子劣变的生理生化研究［D］. 呼和浩特: 内蒙古农业大学.

张苗苗, 赵彦, 云锦凤, 等, 2012. 老化处理对2种披碱草属牧草种子生理生化的影响［J］. 种子, 31（4）: 23-27.

张妙青, 2011. 垂穗披碱草种子落粒性及其相关MADS-box基因研究［D］. 兰州: 兰州大学.

张妙青, 王彦荣, 张吉宇, 等, 2011. 垂穗披碱草种质资源繁殖相关特性遗传多样性研究［J］. 草业学报, 20（3）: 182-191.

张榕, 高占琪, 豆卫, 等, 2011. 高寒牧区混播草地建植技术研究［J］. 草业科学, 28（8）: 1512-1516.

张蕊思, 2016. 披碱草种子内生真菌去除方法初步研究［D］. 乌鲁木齐: 新疆农业大学.

张尚雄, 尼玛平措, 徐雅梅, 等, 2016. 3个披碱草属牧草对低温胁迫的生理响应及苗期抗寒性评价［J］. 草业科学, 33（6）: 1154-1163.

张淑艳, 张永亮, 2003. 科尔沁地区禾豆混播人工草地生产特性分析［J］. 中国草地（5）: 33-38, 43.

张小娇, 祁娟, 曹文侠, 2014. 盐分、温度及其互作对垂穗披碱草种子萌发及幼苗生长的影响［J］. 中国草地学报, 36（1）: 24-30.

张小舟, 梁猛, 杨妍, 等, 2018. 稻壳基高吸水树脂的制备及对披碱草种子生长发育的影响［J］. 林产化学与工业, 38（6）: 128-132.

张英俊, 符义坤, 李阳春, 等, 1998. 半荒漠地区混播牧草优化组合及生态适应性研究［J］. 甘肃农业大学学报（2）: 17-27.

张颖, 周永红, 张利, 等, 2005. 鹅观草属、披碱草属、猬草属和仲彬草属物种的RAMP分析及系统学意义［J］. 西北植物学报, 25（2）: 368-375.

张玉平, 2007. 披碱草—内生真菌共生体生物学与生理学特性的研究［D］. 兰州: 兰州大学.

张众, 彭启乾, 吴渠来, 1990. 披碱草属牧草种子萌发生物学特性的研究［J］. 中国草地（2）: 51-54, 65.

张众, 彭启乾, 吴渠来, 1991. 披碱草属牧草根系早期生长的观测［J］. 中国草地（1）: 24-26.

张子廉, 李春涛, 潘正武, 等, 2006. 加拿大披碱草黑粉病调查及其化学防治初探［J］. 中国草地学报, 28（5）: 118-120.

张宗瑜，2020. 老芒麦高密度遗传图谱构建及落粒相关基因 QTL 定位［D］. 兰州：兰州大学.

赵殿智，韩燕，丁恺，等，2008. 不同叶面肥对垂穗披碱草种子产量的影响［J］. 青海草业，17（1）：10-12.

赵锦章，1984. 披碱草属牧草的栽培特性和栽培技术［J］. 青海畜牧兽医杂志（5）：70-74.

赵利，王明亚，毛培胜，等，2012. 不同氮磷组合对老芒麦种子产量组分和根系特性的影响［C］//2012 第二届中国草业大会论文集. 北京：中国畜牧业协会草业分会，中国畜牧业协会.

赵旭红，2017. 老芒麦落粒机理初探及新种质创制［D］. 兰州：兰州大学.

赵玉红，敬久旺，王向涛，等，2016. 藏中矿区先锋植物重金属积累特征及耐性研究［J］. 草地学报，24（3）：598-603.

郑丹，2018. 条锈菌披碱草专化型与小麦专化型有性杂交对小麦条锈菌毒性变异的研究［D］. 杨凌：西北农林科技大学.

郑华平，陈子萱，牛俊义，等，2009. 补播禾草对玛曲高寒沙化草地植物多样性和生产力的影响［J］. 草业学报，18（3）：28-33.

周国栋，李志勇，李鸿雁，等，2011. 老芒麦种质资源的研究进展［J］. 草业科学，28（11）：2026-2031.

周晶，王传旗，包赛很那，等，2019. 西藏野生垂穗披碱草对温度和水分的生理响应［J］. 种子，38（8）：65-69.

周瑞莲，赵哈林，程国栋，2001. 高寒山区植物根抗氧化酶系统的季节变化与抗冷冻关系［J］. 生态学报，21（6）：865-870.

周永红，郑有良，杨俊良，等，2001. 鹅观草属、披碱草属、猬草属和仲彬草属植物的 RAPD 分析及其系统学意义［J］. 四川农业大学学报，19（1）：14-20.

周志宇，付华，张洪荣，1999. 不同供铁水平下垂穗披碱草铁吸收特性及对其他矿质元素吸收的影响［J］. 草业学报，8（2）：14-18.

朱光华，解新明，杨锡麟，1990. 鹅观草属与披碱草属属界划分的酯酶和过氧化物酶同工酶比较研究［J］. 西北植物学报，10（1）：43-53.

朱勇，2008. 青藏铁路当雄至羊八井段路基护坡植被建植研究［D］. 杨凌：西北农林科技大学.

AHMAD F, COMEAU A, 1991. Production, morphology, and cytogenetics of *Triticum aestivum* × *Elymus scabrus* Love intergeneric hybrids obtained by in ovulo embryo culture［J］. Theoretical Applied Genetics，81：833-839.

BAUM B R, 1983. A phylogenetice analysis of the tribe Triticeae (Poceae) based on morphological characters of the genera [J]. Canad J Bot, 61: 518-535.

BENTHAM G, HOOKER J D, 1883. Genera Plantarum [M]. London: Reeve.

BOTHMER R VON, JACOBSEN N, BADEN C, et al., 1991. An Ecographical study of the genus Hordeum [C]. Rome Italy: International plant Genetic Resources Institute (IPGRI).

DEWEY D R, 1984. The genomic system of classification as a guide to intergeneric hyridization with the perennial Triticeae. In: Gustafson J. P. (ed.) gene manipulation in plant improvement [M]. New York: Plenum Publishing Corporaion.

DIAZ O, SALOMON B, BOTHMER R V, 1999. Genetic variation and differentiation in Nordic populations of *Elymus alaskanus* (Scrib. Ex Merr.) Love (Poaceae) [J]. Theoretical Applied Genetics, 99: 210-217.

GEN-LOU SUN, OSCAR DÍAZ, BJÖRN SALOMON, et al., 1999. Genetic diversity in *Elymus caninus* as revealed by isozyme, RAPD, and microsatellite markers [J]. Genome, 42 (3): 420-431.

HACKEL E, 1896. The True G rasses [M]. Translated by Lamson-Scribne F, Southworth E A. Archibald Constable & Company.

HITCHCOCK A S, 1950. Manual of the Grasses of the United States [M]. 2nd Ed. Wshington: United States Government Printing Office.

HOCHSTETTER C F, 1848. Nachtraglicher Commentar zu meiner Abhandlung: "Aufbau der Graspflanze etc." [J]. Flora (7): 105-118.

HUMBOLDT A V, 1790. Mineralogische Beobachtungen Uber Einige Basalte Am Rhein [M]. London: Kessinger Publishing.

JAASKA V, 1992. Isoenzyme variation in the grass genus *Elymus* (Poaceae) [J]. Hereditas, 117: 11-22.

KOELER G L, 1802. Descriptio graminum in Gallia et Germania tam sponte nascentium quam humana industria copiosius provenientium [M]. New York: Harvard University.

LINNAEUS C, 1754. Genera Plantarum [M]. London: Kessinger Publishing.

LINNAEUS C, 1753. Species Plantarum [M]. London: Kessinger Publishing.

LÖVE A, 1984. Conspectus of the Triticeae [J]. Feddes Report, 95: 425-520.

MACRITCHIE D, SUN G L, 2004. Evaluating the potential of barley and wheat mi crosatellite marks or genetic analysis of *Elymus trachycaulus* complex species [J]. Theoretical Applied Genetics, 108: 720-724.

MELDERIS A, 1950. Generic problems within the tribe Hordene [C] //Osvald H. Aberg E. eds. Preeedings of the 7th international botany congress. Stoelkholm: Almquist & Wiksell Pres.

NEVSKI S A, 1933. Agrostological studies. IV. On the tribe Hordeae Benth [J]. Akademia Nauk SSR Botany Institute Taudy, 1 (1): 9-32.

SERGEI SVITASHEV, TOMAS BRYNGELSSON, 1998. Genome specific repetitive DNA and RAPD marker for genome identification in *Elymus* and *Hordelymus* [J]. Genome, 41: 120-128.

SUN G L, SALOMON B, BOTHMER R V, 1998. Characterrization and analysis of microsatellite loci in *Elymus caninus* (Triticeae: Poaeeae) [J]. Theoretical Applied Genetics, 96: 676-682.

SUN G L, SALOMON B, BOTHMER R V, 2002. Microsatellite polymorphism and genetic differentiation in three Norwegian population of *Elymus alaskanus* (Poaceae) [J]. Plant Systematic Evolution, 234: 101-110.

TORABINEJAD J, CARMAN J G, CRANE C F, 1987. Morphology and genome analyses of interspecific hybrids of *E. scabrous* [J]. Genome, 36: 150-155.

TZVELEV N N, 1976. Tribe 3. Triticeae Dumort [A]. In: Fedorov A A ed. Poaceae URSS [M]. Leningrad: Navka Publishing House.

TZVELEV N N, 1976. Zlaki SSSR [M]. Leningrad: Nauka Publishers.

VINTON M A, KATHOL ES, VOGELK P, et al., 2001. Endophytic fungi in Canada wild rye in natural grasslands [J]. Journal of Range Management, 54: 390-395.

VINTON M. A., KATHOL E. S., VOGEL K. P., et al., 2001. Endophytic fungi in Canada wild rye in natural grasslands [J]. Journal of Range Management, 54: 390-395.

WHITE J. F. JR, 1987b. Morgan - Jones G Endophyte - host associations in forage grasses. IX. Concerning *Acremonium typhinum* [J]. The anamorph of *Epichloe typhina*. *Mycotaxon*, 29: 489-500.

YOUNG CA, TAPPER BA, MAY K, et al., 2009. Indole-diterpene biosynthetic capability of epichloe endophytes as predicted by ltm gene analysis [J]. Applied and Environmental Microbiology，75：2200-2211.

ZHANG Y P，NAN Z. B，2007b. Growth and Anti-Oxidative systems changes in *Elymus dahuricus* is affected by Neotyphodium endophyte under contrasting water availability ［J］. Joumal of Agronomy and Crop Science，193：377-386.